Física II

Electromagnetismo - Optica - Sonido

Editorial Científica Universitaria — Córdoba

Electromagnetismo - Optica - Sonido

FISICA II

TEORICO

Apuntes de Clases de Profesor
Ing. Víctor E. CHIAPPERO

UNIVERSITAS
CÓRDOBA

Pje España 1467. Te: 0351-4680913. (5000) Córdoba. Argentina –
editorialuniversitas@yahoo.com.ar

UNIVERSITAS
U
Editorial
Científica
Universitaria
CÓRDOBA

Diseño de Tapa: Universitas
Edición: Universitas
Producción Gráfica: Universitas.

Email: editorialuniversitas@yahoo.com.ar

ISBN: 978-987-1457-70-0

PROLOGO

Este trabajo es el resultado de la corrección de un apunte de clases realizado por un alumno durante el período lectivo 2010 (año muy completo en cuanto al dictado de clases), el cual se había difundido mucho entre los alumnos de Física II y contenía una serie de errores propios de la toma de notas de clases.
No pretende de ninguna manera sustituir la abundante y buena bibliografía que sobre el tema existe, Sears-Zemansky-Young-Freedman, Resnick-Halliday-Krane, Morelli, etc.
El objetivo es colaborar con el alumno en el estudio y preparación de la materia ya que permite una lectura ágil de los contenidos de la misma.
Sugiero que cada tema que se aborde sea complementado consultando la bibliografía antes citada.

Ing. Víctor E. CHIAPPERO

Índice

CAPÍTULO 1: CAMPO ELÉCTRICO Y LEY DE GAUSS ... 11
Carga eléctrica ... 11
Ley de Coulomb ... 12
Campo eléctrico ... 14
Campo producido por cargas distribuidas ... 17
Líneas de campo eléctrico ... 19
Flujo de campo eléctrico ... 21
Ley de Gauss ... 22
Aplicaciones Ley de Gauss ... 23
CAPÍTULO 2: POTENCIAL Y ENERGÍA DEL CAMPO ELÉTRICO ... 29
Energía potencial eléctrica ... 29
Potencial eléctrico ... 31
Superficies equipotenciales ... 31
Potencial de una esfera metálica cargada ... 33
Potencial de un hilo metálico cargado ... 34
Potencial en dos placas metálicas cargadas ... 36
Gradiente de potencial ... 37
Inducción electrostática ... 40
Generador de Van Der Graaff ... 41
CAPÍTULO 3: PROPIEDADES ELÉCTRICAS DE LA MATERIA Y CAPACITORES ... 43
Capacitores ... 43
Conexión de capacitores ... 44
Conexión en serie ... 44
Conexión en paralelo ... 45
Energía almacenada en un capacitor ... 46
Densidad de energía ... 47
Capacitor con dieléctrico ... 48
Polarización ... 49
Ley de Gauss generalizada ... 52
Capacitor plano ... 53
Capacitor esférico ... 54
Capacitor cilíndrico ... 55
CAPÍTULO 4: CORRIENTE ELÉCTRICA-CIRCUITOS ... 57
Corriente eléctrica ... 57
Teoría de la corriente ... 58
Densidad de corriente eléctrica ... 58
Ley de Ohm ... 59

Fuerza electromotriz ... 61
Conexión de resistencias ... 63
Conexión en serie ... 63
Conexión en paralelo ... 64
Ley de Kirchhoff ... 65
Instrumentos de medición ... 67
Transitorio de carga de un capacitor ... 71
Transitorio de descarga de un capacitor ... 74
CAPITULO 5: CAMPO MAGNÉTICO ... 77
Magnetismo ... 77
Líneas de campo magnético ... 78
Flujo de campo magnético ... 79
Campo B generado por una carga en movimiento ... 80
Campo B generado por una corriente eléctrica ... 81
Aplicaciones de la Ley de Biot y Savart ... 83
Campo B generado por un conductor rectilíneo ... 83
Campo B generado por una espira circular ... 85
Campo B generado por un solenoide ... 87
Ley de Ampere ... 90
Aplicaciones de la Ley de Ampere ... 91
Trayectoria de una partícula cargada en un campo B ... 94
Tubo de rayos catódicos ... 95
Deflexión de origen eléctrico ... 96
Deflexión de origen magnético ... 97
Relación carga masa del electrón ... 98
CAPÍTULO 6: INTERACCIÓN MAGNÉTICA ... 101
Fuerza sobre un conductor ... 101
Fuerzas entre conductores paralelos ... 102
Definición de amperio ... 102
Momento sobre una espira ... 103
Aplicación de cupla a casos particulares ... 104
Trabajo electromagnético (barra móvil) ... 107
Trabajo electromagnético (bobina móvil) ... 108
CAPÍTULO 7: INDUCCIÓN ELECTROMAGNÉTICA ... 109
Inducción magnética - Ley de Faraday-Lenz ... 109
Disco giratorio ... 112
Espira giratoria ... 113
Fluxímetro ... 114
Mutua inducción ... 115
Auto inducción ... 116
Energía almacenada en un campo magnético ... 118
Densidad de energía en un campo magnético ... 118
Fenómenos transitorios en un circuito R-L ... 119

CAPÍTULO 8: PROPIEDADES MAGNÉTICAS DE LA MATERIA ... 123
Magnetismo en medios materiales ... 123
Corrientes amperianas ... 124
Vector excitación magnética ... 126
Curvas características de materiales ferromagnéticos ... 128
Ciclo de Histeresis ... 130
Circuitos magnéticos – Ley de Hopkinson ... 132
Vector B – H y M en un imán permanente ... 135
CAPÍTULO 9: ECUACIONES DE MAXWELL ... 137
Ecuaciones básicas del electromagnetismo ... 137
Corriente de desplazamiento ... 138
Ecuaciones de Maxwell ... 139
Ecuaciones de Maxwell en forma diferencial ... 140
CAPÍTULO 10: CORRIENTE ALTERNA ... 145
Corriente alterna ... 145
Circuito resistivo puro ... 146
Circuito capacitivo puro ... 147
Circuito inductivo puro ... 149
Circuito R - L - C serie ... 151
Valores eficaces de tensión y corriente ... 153
Potencia en circuitos de corriente alterna ... 154
Circuito R - L - C paralelo ... 155
CAPÍTULO 11: ONDAS ELECTROMAGNÉTICAS ... 157
Ondas ... 157
Ecuación de D`Alembert ... 158
Ondas electromagnéticas ... 159
Espectro electromagnético ... 159
Generación de una onda electromagnética ... 160
Ondas viajeras y las ecuaciones de Maxwell ... 162
Transporte de energía – Vector de Poynting ... 167
CAPÍTULO 12: ÓPTICA FÍSICA ... 171
Espectro visible ... 171
Interferencia ... 171
Interferencia en rendija doble ... 173
Interferencia en lámina delgada ... 175
Interferómetro de Michelson ... 176
Difracción ... 178
Difracción de rendija simple ... 179
Polarización ... 183
Hojas de polarización ... 184
Polarización por reflexión ... 185
CAPÍTULO 13: ACÚSTICA ... 187
Ondas sonoras ... 187

Efecto Doppler 191

CAMPO ELECTRICO Y LEY DE GAUSS

CARGA ELECTRICA

Desde el año 600 AC aproximadamente, los griegos conocían algunos fenómenos electrostáticos como el de frotar un cuerpo con otro y luego atraer con este otros pequeños cuerpos. Más tarde se comprendió que si se frota una barra de vidrio sobre un trozo de lana o una barra de ebonita sobre un trozo de piel, se produce un traspaso de cargas de un cuerpo a otro (electrones), así el vidrio cede electrones a la lana quedando con un exceso de carga positiva mientras que la lana queda con un exceso de carga negativa. En el segundo ejemplo el traspaso de cargas se produce desde la piel hacia la barra de ebonita.

Considerando la estructura atómica, se sabe que está compuesta por un núcleo pesado (protones y neutrones) alrededor del cual giran partículas livianas (electrones). Los protones poseen carga eléctrica positiva mientras que los neutrones no tienen carga. Los electrones en cambio poseen carga eléctrica negativa de igual magnitud a la de los protones.

Tanto los protones como los neutrones se mantienen unidos en el núcleo gracias al denominado campo nuclear fuerte.

La cantidad de protones de un átomo define el número atómico del elemento, mientras que la suma de protones y neutrones determina la masa atómica del mismo.

En el caso de la fricción del vidrio con la lana, lo que ocurre es que algunos electrones de algunos átomos del vidrio ceden un electrón a los átomos de la lana, quedando el vidrio con un exceso de carga positiva mientras que la lana queda con un exceso de carga negativa.

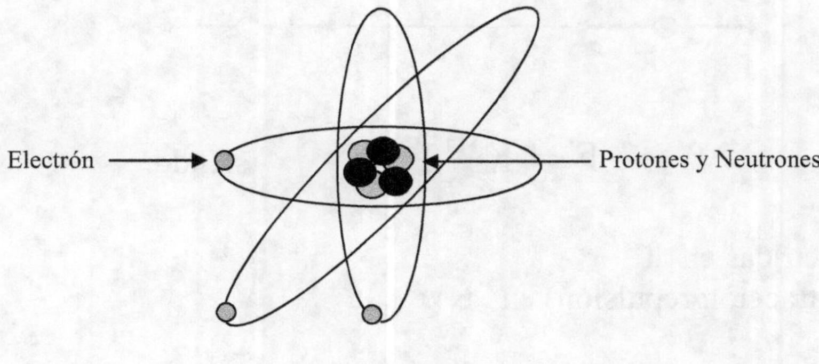

Ley de Conservación de las Cargas:
En el universo, las cargas eléctricas no se construyen ni se destruyen, existen en número constante, tanto las positivas como las negativas. La carga eléctrica es una magnitud escalar.

Unidad natural de carga eléctrica: El electrón.

Carga del electrón (Protón): 1.6×10^{-19} C

Masa del electrón: 9.11×10^{-31} kg

Masa del Protón (Neutrón): 1.67×10^{-27} kg

Materiales conductores:
Son aquellos que permiten un movimiento de cargas eléctricas en su seno (flujo), la mayoría de los metales son buenos conductores.

Materiales aislantes:
Son aquellos que no permiten un flujo de cargas eléctricas en su seno, en general los no metales son buenos aislantes.

LEY DE COULOMB

Charles Coulomb experimentó con cargas puntuales subdividiendo las mismas en forma proporcional, ubicándolas a distancias grandes frente al tamaño de las mismas y midiendo la fuerza resultante mediante una balanza de torsión.
Llegó a la conclusión que la fuerza resultante siempre era proporcional al producto de las cargas e inversamente proporcional al cuadrado de la distancia que separaba las mismas. Se puede decir entonces que:
Para cargas puntuales y de tamaño despreciable frente a la distancia que las separa, el módulo de las fuerzas de atracción/repulsión en el vacío es igual a:

$$F = K \frac{q_1 q_2}{r^2} \ \text{N} \qquad \text{siendo:}$$

q_1 y q_2 : Cargas eléctricas en C
F_1 y F_2 : Fuerzas (atracción/repulsión) en N

r : Distancia entre cargas eléctricas en   m

K : Constante de proporcionalidad $9 \times 10^9 \, \frac{N.m^2}{C^2}$ (Sistema Internacional)

La dirección de las fuerzas es la de la recta que contiene las cargas y el sentido será:

De repulsión para cargas de igual signo.
De atracción para cargas de distinto signo.

Es posible tomar a K como:

$$K = \frac{1}{4\pi\varepsilon_0}$$ donde: ε_0 es la permitividad eléctrica del vacío $8.85 \times 10^{-12} \, \frac{C^2}{N.m^2}$

Por lo tanto la ley de Coulomb se la puede expresar como:

$$F = \frac{q_1 \, q_2}{4\pi\varepsilon_0 r^2} \; N$$

Comparación entre $\vec{F}_e$ y $\vec{F}_g$

Si se realiza la comparación entre fuerzas de origen gravitacional y eléctrico para el caso de dos electrones se tiene.

$$F_e = K \, \frac{e^2}{r^2} \qquad\qquad K = 9 \times 10^9 \, \frac{N.m^2}{C^2}$$

$$F_g = G \, \frac{m_e^2}{r^2} \qquad\qquad G = 6.67 \times 10^{-11} \, \frac{N \, m^2}{kg^2}$$

$$\frac{F_e}{F_g} = \frac{K \, e^2}{G \, m_e^2} \qquad$$ Teniendo en cuenta los valores de la carga y masa del electrón:

$$F_e = 4 \times 10^{42} \; F_g$$

Como se puede apreciar, la fuerza de origen gravitacional es despreciable frente a la de origen eléctrico.

CAMPO ELECTRICO

Es más cómodo atribuir la acción de la fuerza a una nueva entidad, un campo eléctrico, el cual se define como una perturbación del medio y se verifica diciendo que en un punto del espacio existe campo eléctrico $\vec{E}$, si sobre una carga de prueba (puntual positiva), ubicada en dicho punto actúa una fuerza de origen eléctrico. Dicho campo se define como la razón entre la fuerza y la carga.

El campo eléctrico es una magnitud vectorial.

$$\vec{E} = \frac{\vec{F}_e}{q'} \quad \frac{N}{C}$$

La dirección y el sentido del campo $\vec{E}$ son los de la fuerza $\vec{F}_e$

Si se retira la carga q' la fuerza $\vec{F}_e$ desaparece, pero el campo $\vec{E}$ en el punto P sigue existiendo, es una propiedad del medio.

Para minimizar la acción que pueda ejercer la carga de prueba sobre el campo, una definición más correcta es:

$$\vec{E} = \lim_{q' \to 0} \frac{\vec{F}_e}{q'} \qquad \text{para q' tendiendo a cero (el límite es la carga del electrón).}$$

Campo Eléctrico Creado por una Carga Puntual:
En este caso la fuente generadora del campo es una carga puntual Q_o que se supone positiva.

$+Q_o$ (Carga Fuente)   P

De acuerdo con la ley de Coulomb, el modulo de la fuerza ejercida por Q_o sobre la carga de prueba q′ ubicada en el punto P es:

$$F = \frac{Q_o\, q'}{4\pi\varepsilon_0 r^2} \quad N$$

Por definición de campo eléctrico, el modulo de $\vec{E}$ es:

$$E = \frac{Q_o}{4\pi\varepsilon_o r^2} \quad \frac{N}{C}$$

La dirección del campo $\vec{E}$ será la de la recta que une la carga fuente con el punto P y su sentido alejándose de la carga para cargas positivas y apuntando hacia la carga para cargas negativas.

Campo Eléctrico Creado por Varias Cargas Puntuales:

Para los campos eléctricos vale el principio de superposición vectorial, es decir en un punto dado, el campo resultante es la suma vectorial de los campos generados por las cargas individuales.

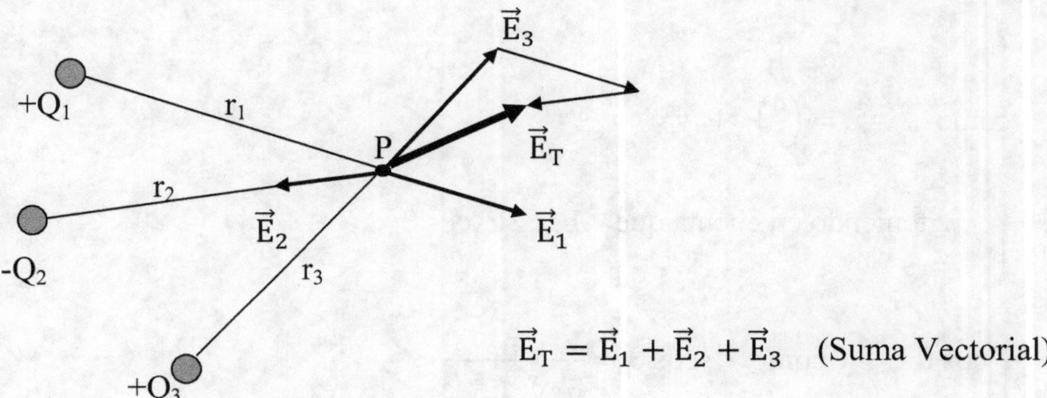

$$\vec{E}_T = \vec{E}_1 + \vec{E}_2 + \vec{E}_3 \quad \text{(Suma Vectorial)}$$

Campo Eléctrico Creado por dos Cargas Puntuales de Signo Opuesto - Dipolo:

Un dipolo eléctrico se define como un par de cargas eléctricas iguales y de signo opuesto separadas por una distancia d. El producto de la carga por la distancia de separación de las cargas se define como $\vec{p}$ momento dipolar eléctrico. Se trata de un vector cuya dirección es la de la recta que contiene las cargas y su sentido apunta hacia la carga positiva.

$$p = Q.d \quad C\,m$$

Para el caso de dos cargas puntuales iguales de signo opuesto, dipolo eléctrico, el campo eléctrico se obtiene de manera similar al caso anterior.

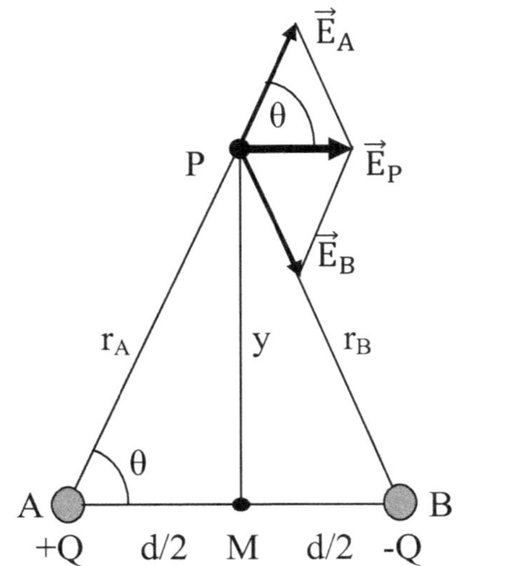

$$\vec{E}_P = \vec{E}_A + \vec{E}_B \qquad como \qquad \vec{E}_A = \vec{E}_B$$

$$E_P = 2E_A \cos\theta$$

$$E_A = \frac{Q}{4\pi\varepsilon_o r_A^2} \qquad como \qquad r_A^2 = \left(\frac{d}{2}\right)^2 + y^2$$

$$E_A = \frac{Q}{4\pi\varepsilon_o\left[\left(\frac{d}{2}\right)^2 + y^2\right]} \qquad \text{teniendo en cuenta que} \quad E_P : 2E_A\cos\theta$$

$$E_P = \frac{2Q}{4\pi\varepsilon_o\left[\left(\frac{d}{2}\right)^2 + y^2\right]}\cos\theta \qquad \text{y como} \qquad \cos\theta = \frac{\left(\frac{d}{2}\right)}{\left[\left(\frac{d}{2}\right)^2 + y^2\right]^{1/2}}$$

El modulo del campo eléctrico en el punto P cualquiera de su plano medio es:

$$E_P = \frac{Q.d}{4\pi\varepsilon_o\left[\left(\frac{d}{2}\right)^2 + y^2\right]^{3/2}} \qquad \frac{N}{C}$$

Para puntos muy alejados $y >>> d/2$ es posible despreciar d/2 en el denominador con lo que la ecuación se reduce a:

$$E_P = \frac{Q.d}{4\pi\varepsilon_o y^3} \qquad \frac{N}{C}$$

Si se quiere determinar el campo en el punto M se debe hacer $y = 0$ luego la ecuación se reduce a:

$$E_M = \frac{2Q}{\pi\varepsilon_o d^2} \qquad \frac{N}{C}$$

CAMPOS GENERADOS POR CARGAS DISTRIBUIDAS

Se analizan ahora distribuciones continuas de cargas, lineales, superficiales y volumétricas a saber:

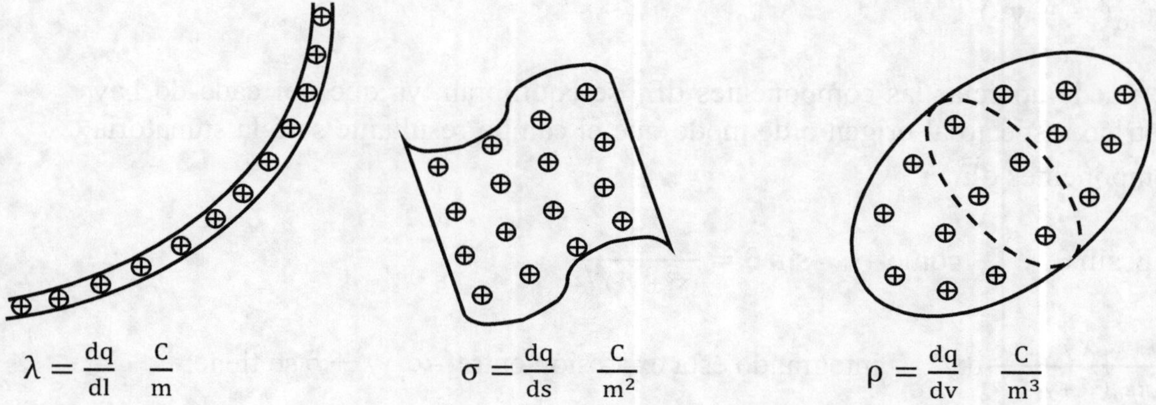

$$\lambda = \frac{dq}{dl} \quad \frac{C}{m} \qquad\qquad \sigma = \frac{dq}{ds} \quad \frac{C}{m^2} \qquad\qquad \rho = \frac{dq}{dv} \quad \frac{C}{m^3}$$

Se han representado esquemáticamente una distribución lineal de carga λ una distribución superficial de carga σ y una distribución volumétrica de carga ρ. Se dan a continuación algunos ejemplos de campos eléctricos generados por distribuciones continuas de cargas.

Hilo Rectilíneo Cargado

Se tiene un hilo infinitamente largo cargado uniformemente con una distribución lineal de cargas λ positivas. Se determina el campo $d\vec{E}$ generado en un punto P alejado del hilo por una pequeña carga dq correspondiente a un tramo dx del hilo y luego se integra a toda la longitud del mismo. luego $dq = \lambda dx$

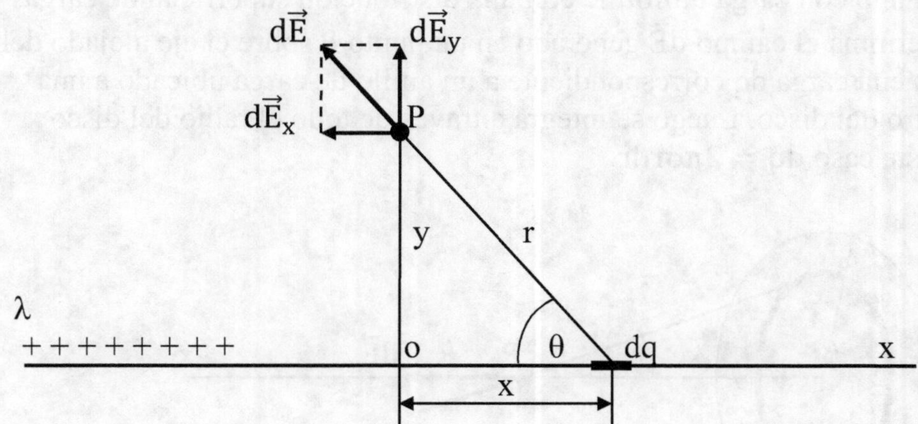

El campo generado por dq en P es $d\vec{E}$ el cual se puede descomponer en $d\vec{E}_x$ y $d\vec{E}_y$ como se sabe:

$$dE = \frac{dq}{4\pi\varepsilon_o r^2} \qquad \text{como} \qquad r^2 = [x^2 + y^2] \qquad \text{luego}$$

$$dE = \frac{\lambda dx}{4\pi\varepsilon_o (x^2 + y^2)}$$

Como se puede apreciar las componentes $d\vec{E}_x$ se equilibran, ya que por cada dq hay otro simétrico respecto al origen o de modo que el campo resultante será la sumatoria de las componentes $d\vec{E}_y$

$$dEy = dE \sin\theta \qquad \text{como} \qquad \sin\theta = \frac{y}{(x^2 + y^2)^{1/2}}$$

$$dE_y = \frac{\lambda y}{4\pi\varepsilon_o (x^2+y^2)^{3/2}} dx \qquad \text{integrando esta expresión entre } -\infty \text{ y } +\infty \text{ se tiene:}$$

$$E_y = \frac{\lambda y}{4\pi\varepsilon_o} \int_{-\infty}^{+\infty} \frac{1}{(x^2+y^2)^{3/2}} dx \qquad \text{sabiendo que} \qquad \int_{-\infty}^{+\infty} \frac{1}{(x^2+y^2)^{3/2}} dx = \frac{2}{y^2}$$

$$E_y = \frac{\lambda}{2\pi\varepsilon_o y} \quad \frac{N}{C} \quad \text{Teniendo en cuenta que el campo } \vec{E}_x \text{ es nulo, el modulo de } \vec{E} \text{ es:}$$

$$E = \frac{\lambda}{2\pi\varepsilon_o y} \qquad \frac{N}{C}$$

Disco Plano Uniformemente Cargado

Se tiene un disco plano con carga uniforme con una distribución superficial de cargas σ positivas. Se determina el campo $d\vec{E}$ generado en un punto P sobre el eje alejado del disco, por una pequeña carga dq correspondiente a un anillo de carga ubicado a una distancia r del centro del disco. Luego se integra a través de todo el radio del disco (entre 0 y R). En este caso $dq = 2\pi\sigma r dr$

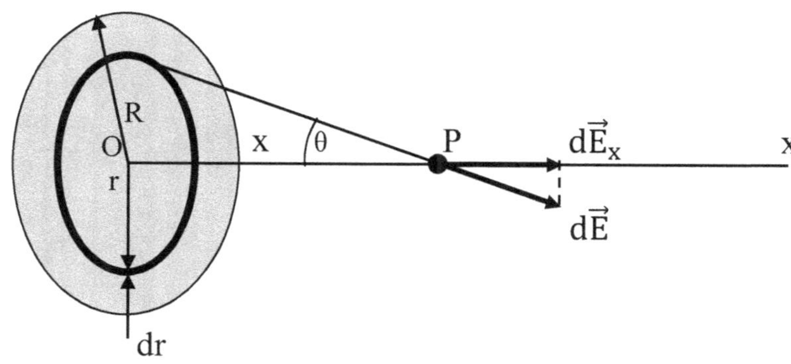

El campo generado por dq en P es:

$$dE_x = dE \cos\theta \qquad \text{es decir} \qquad dE_x = \frac{dq}{4\pi\varepsilon_0(x^2+r^2)}\cos\theta \qquad \text{luego}$$

$$dE_x = \frac{x\,2\pi\sigma r\,dr}{4\pi\varepsilon_0(x^2+r^2)^{3/2}} \qquad \text{ya que} \qquad \cos\theta = \frac{x}{(x^2+r^2)^{1/2}} \qquad \text{integrando entre 0 y R}$$

$$E_x = \int_0^R \frac{x\,2\pi\sigma r\,dr}{4\pi\varepsilon_0(x^2+r^2)^{3/2}} \qquad \text{ó} \qquad E_x = \frac{\sigma x}{2\varepsilon_0}\int_0^R \frac{r\,dr}{(x^2+r^2)^{3/2}} \qquad \text{sabiendo que:}$$

$$\int_0^R \frac{r\,dr}{(x^2+r^2)^{3/2}} = -\frac{1}{\sqrt{x^2+R^2}}+\frac{1}{x} \qquad E_x = \frac{\sigma x}{2\varepsilon_0}\left(-\frac{1}{\sqrt{x^2+R^2}}+\frac{1}{x}\right) \qquad \frac{N}{C}$$

Teniendo en cuenta que las componentes del campo $\vec{E}$ perpendiculares a x se anulan, se puede poner que el campo sobre el eje x es:

$$E = \frac{\sigma x}{2\varepsilon_0}\left(-\frac{1}{\sqrt{x^2+R^2}}+\frac{1}{x}\right) \qquad \frac{N}{C}$$

Si la superficie es muy grande, $R >>> x$ la ecuación anterior de simplifica a:

$$E = \frac{\sigma}{2\varepsilon_0} \qquad \frac{N}{C}$$

LINEAS DE CAMPO ELECTRICO

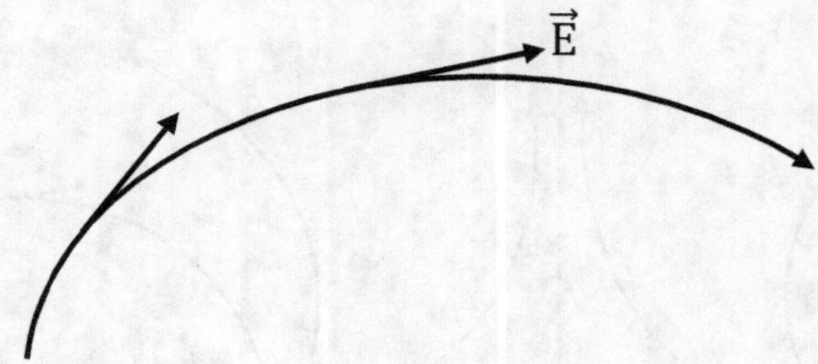

Es práctico representar los campos eléctricos a través de líneas de campo que muestran su forma e intensidad en forma cualitativa. Se trata de líneas imaginarias en la que en todos sus puntos el campo eléctrico es tangente a las mismas.

Las líneas de campo nunca se cortan entre si (el campo $\vec{E}$ es único en cada punto).
Son líneas abiertas, siempre van de cargas positivas a cargas negativas.
A continuación se dan algunos ejemplos para distintas configuraciones de cargas, se debe tener en cuenta que los gráficos son cortes ya que la distribución tiene geometría de revolución.

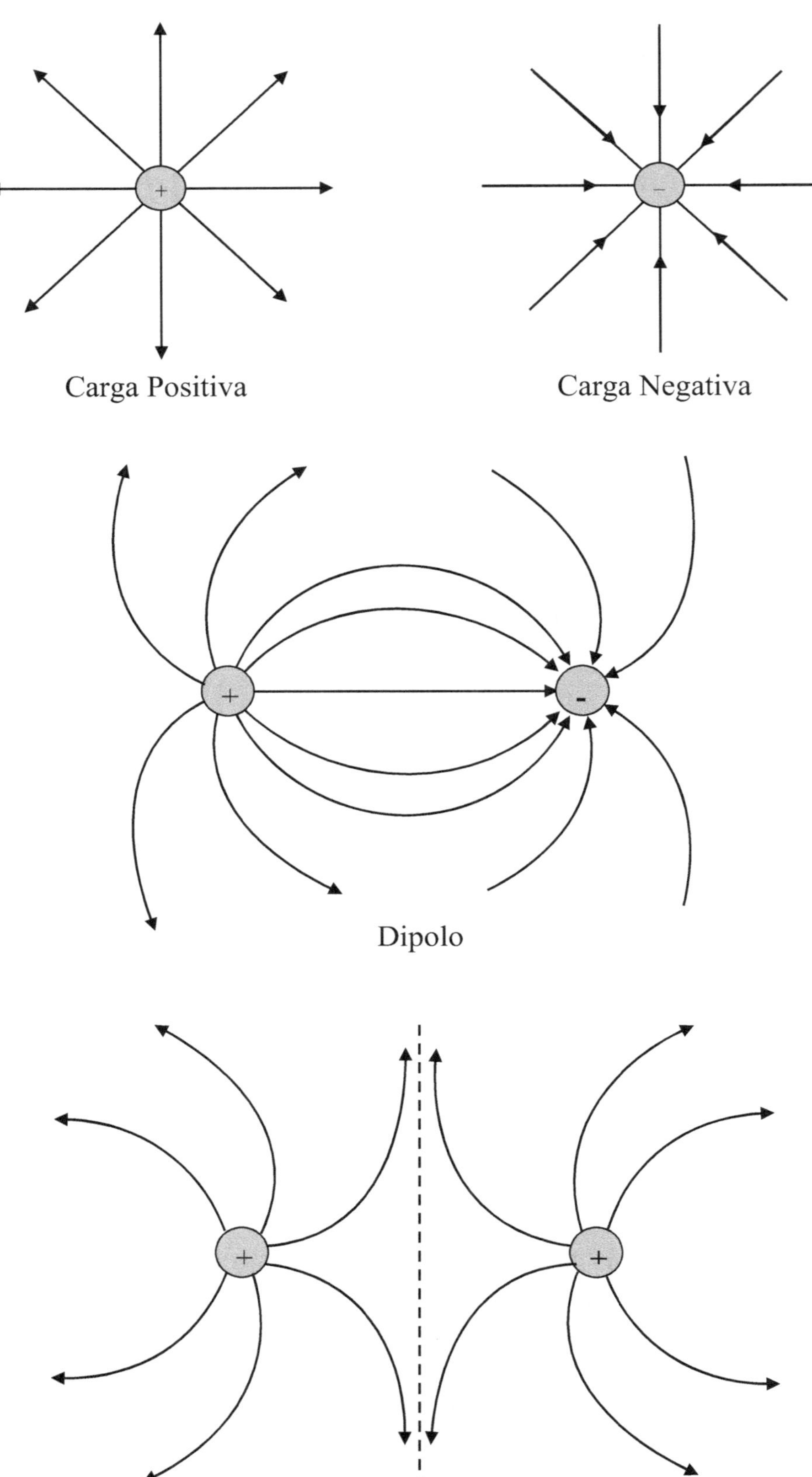
+
−
Carga Positiva
Carga Negativa
+
-
Dipolo
+
+
Cargas Iguales del Mismo Signo

FLUJO DE CAMPO ELECTRICO

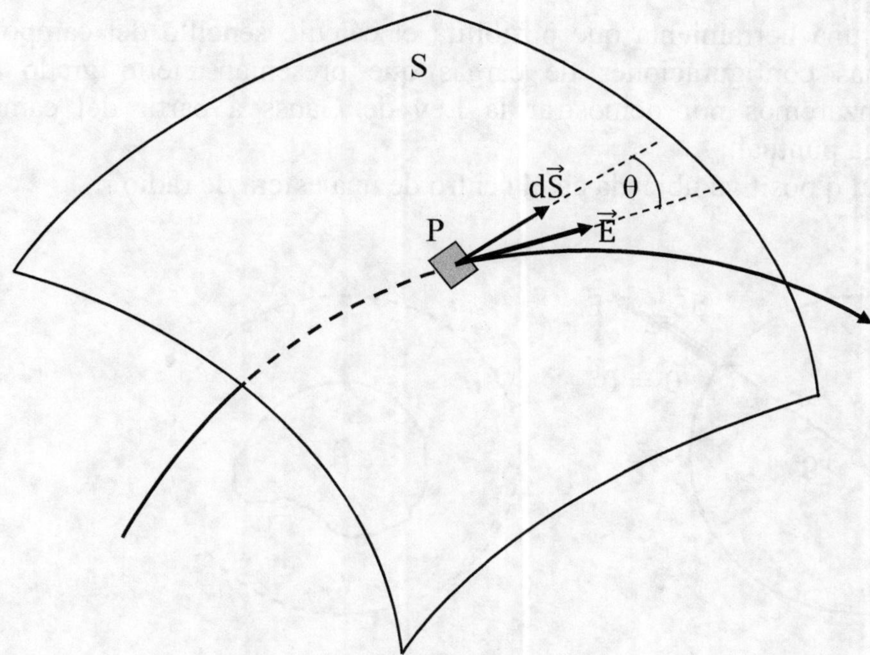

Si se tiene una superficie S inmersa en un campo eléctrico $\vec{E}$. En un punto P de la misma se toma una superficie elemental dS. El vector $d\vec{S}$ es perpendicular a dicha superficie y su modulo representa el área de la misma, es decir:

$$d\vec{S} = \vec{n}\, dS$$

Se define el flujo del campo eléctrico a través de la superficie dS como el producto escalar de los vectores $\vec{E}$ y $d\vec{S}$ a saber:

$$d\emptyset_E = \vec{E}.\,d\vec{S} \qquad \text{ó} \qquad d\emptyset_E = E\, dS\, \cos\theta \qquad \text{integrando a toda la superficie}$$

$$\emptyset_E = \iint_S \vec{E}.\,d\vec{S} \qquad \text{ó} \qquad \emptyset_E = \iint_S E\, dS\, \cos\theta \qquad \frac{N\, m^2}{C}$$

El flujo del campo eléctrico es una magnitud escalar.

LEY DE GAUSS

La ley de Gauss es una herramienta que posibilita el cálculo sencillo del campo $\vec{E}$ generado por algunas configuraciones de cargas que presentan cierto grado de uniformidad. Comenzaremos por demostrar la Ley de Gauss a partir del campo generado por un carga puntual.

Sea una carga puntual q positiva ubicada en el centro de una esfera de radio r.

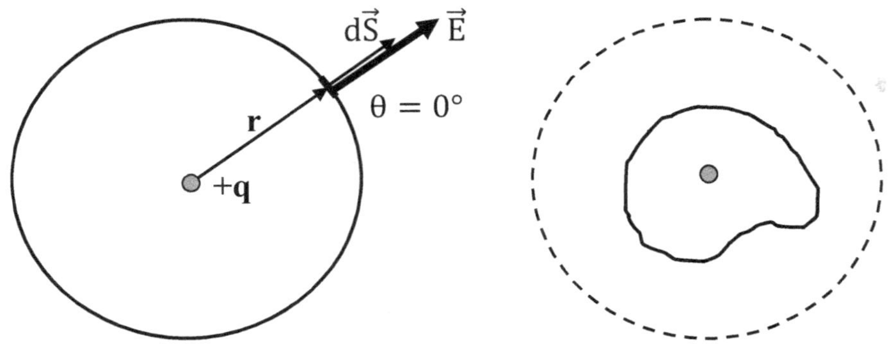

El flujo del campo eléctrico a través de la superficie cerrada (esfera) es:

$$\emptyset_E = \oiint_S \vec{E}.d\vec{S} \qquad \text{ó} \qquad \emptyset_E = \oiint_S E\, dS\, \cos\theta$$

Al ser la superficie cerrada una esfera y el campo eléctrico generado por una carga puntual ubicada en el centro de la misma, los vectores $d\vec{S}$ y $\vec{E}$ son colineales en toda la superficie de la esfera, por lo tanto.

$\theta = 0°$ y $\cos\theta = 1$ constantes en toda la superficie de la esfera, luego:

$$\emptyset_E = E\oiint_S dS \qquad \text{ó} \qquad \emptyset_E = \frac{q}{4\pi\,\varepsilon_0 r^2}\oiint_S dS \qquad \text{y como} \qquad \oiint_S dS = 4\pi r^2$$

$$\emptyset_E = \oiint_S \vec{E}.d\vec{S} = \frac{q}{\varepsilon_o} \qquad \frac{N\,m^2}{C}$$

En general para un sistema de n cargas encerradas dentro de la superficie:

$$\emptyset_E = \oiint_S \vec{E}.d\vec{S} = \frac{1}{\varepsilon_o}\sum_{i=1}^{n} q_i \qquad \frac{N\,m^2}{C}$$

El flujo del campo eléctrico a través de una superficie cerrada cualquiera es proporcional a la carga neta encerrada por dicha superficie e independiente de la forma de la superficie, como se puede apreciar fácilmente en el croquis de la derecha.

APLICACIONES DE LA LEY DE GAUSS

Esfera Metálica Cargada

La esfera metálica se encuentra cargada con una carga total q positiva.

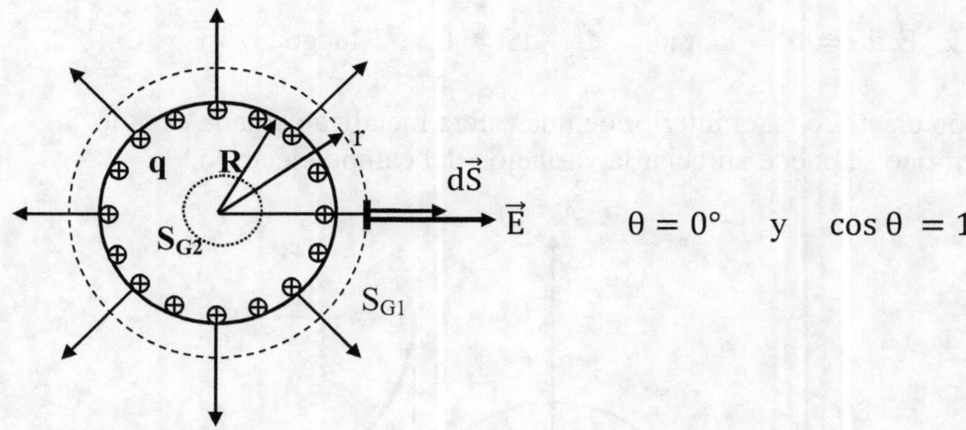

Al ser la esfera metálica, conductora, las cargas por repulsión se ubican sobre la superficie de la misma. Las líneas de campo y por ende el campo eléctrico son perpendiculares a la superficie de la esfera, de no ser así el campo generaría un movimiento de cargas que no existe, ya que se trata de un sistema de cargas estáticas. Tomando una superficie Gaussiana S_{G1} esférica que encierra la esfera metálica cargada se plantea la Ley de Gauss a saber:

$$\emptyset_E = \oiint_S \vec{E}.d\vec{S} = \frac{q}{\varepsilon_o} \quad ó \quad \emptyset_E = \oiint_S E\, dS\, \cos\theta = \frac{q}{\varepsilon_o}$$

Teniendo en cuenta que el ángulo formado por los vectores $\vec{E}$ y $d\vec{S}$ es nulo a través de toda la superficie de la esfera, $\theta = 0$ $\cos\theta = 1$ luego:

$$\emptyset_E = E \oiint_S dS = \frac{q}{\varepsilon_o} \quad \text{sabiendo que} \quad \oiint_S dS = 4\pi r^2 \quad \text{despejando}$$

$$E = \frac{q}{4\pi\varepsilon_o r^2} \quad \frac{N}{C} \quad \text{Modulo de } \vec{E} \text{ fuera de la esfera metálica}$$

En este caso el campo eléctrico es igual al campo generado por una carga puntual equivalente a q concentrada en el centro de la esfera.

Haciendo $r = R$ es posible determinar el campo eléctrico sobre la superficie de la esfera metálica.

$$E = \frac{q}{4\pi\varepsilon_o R^2} \qquad \frac{N}{C} \qquad \text{Modulo de } \vec{E} \text{ sobre la superficie de la esfera metálica}$$

Si ahora se toma una superficie Gaussiana S_{G2} esférica en el interior de la esfera metálica cargada, esta no encierra carga, por lo tanto si se plantea la Ley de Gauss se tiene:

$$\emptyset_E = \oiint_S \vec{E}.d\vec{S} = 0 \qquad \text{como} \qquad \oiint_S dS \neq 0 \qquad \text{luego} \qquad \vec{E} = 0$$

El campo eléctrico en el interior de una esfera metálica cargada es nulo.
En el gráfico se puede apreciar la variación del campo eléctrico.

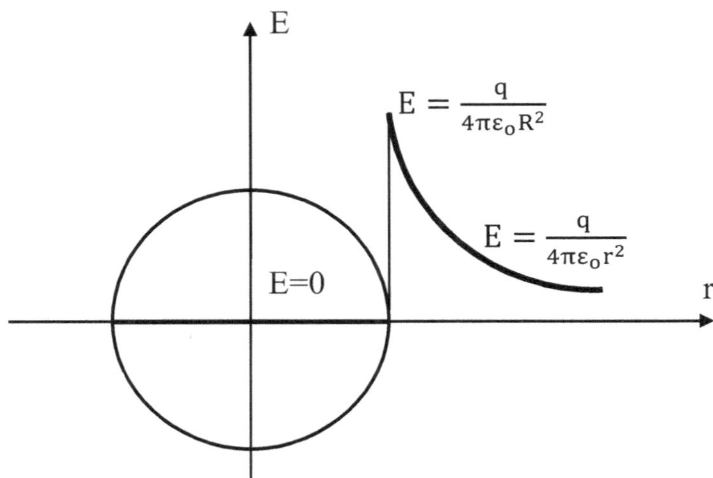

Hilo Conductor Cargado

El hilo metálico se encuentra cargado con una densidad lineal de carga total λ positiva.

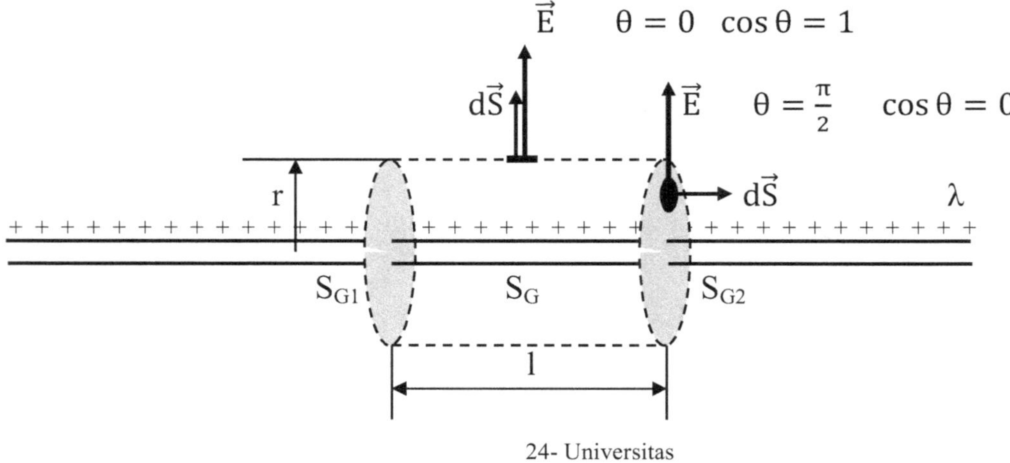

Al ser el hilo metálico, conductor, las cargas por repulsión se ubican sobre la superficie del mismo. Las líneas de campo y por ende el campo eléctrico son perpendiculares a la superficie del hilo, de no ser así el campo generaría un movimiento de cargas que no existe, ya que se trata de un sistema de cargas estáticas.

Tomando una Superficie Gaussiana en forma de cilindro con tapas, S_G - S_{G1} - S_{G2} que encierra al hilo metálico cargado, se plantea la Ley de Gauss a saber:

$$\emptyset_E = \oiint_S \vec{E}.d\vec{S} = \frac{q}{\varepsilon_o} \quad ó \quad \emptyset_E = \oiint_S E\, dS \cos\theta = \frac{q}{\varepsilon_o}$$

Teniendo en cuenta que no hay flujo por las tapas del cilindro S_{G1} y S_{G2} debido a que los vectores $\vec{E}$ y $d\vec{S}$ se encuentran desfasados $\pi/2$, sólo hay flujo a través de la superficie cilíndrica S_G , sobre esta superficie el ángulo comprendido entre los vectores $\vec{E}$ y $d\vec{S}$ es nulo, por lo tanto:

$$\emptyset_E = \oiint_S E\, dS = \frac{\lambda\, l}{\varepsilon_o} \quad ya que \quad q = \lambda\, l \quad y \quad \theta = 0 \quad \cos\theta = 1$$

sabiendo que $\quad \oiint_S dS = 2\pi r l \quad$ despejando

$$E = \frac{\lambda}{2\pi\varepsilon_o\, r} \quad \frac{N}{C} \qquad Modulo\ de\ \vec{E}\ \text{fuera del hilo cargado}$$

Si se toma una Superficie Gaussiana interior al hilo conductor, como no encierra cargas, se deduce, siguiendo el mismo razonamiento que en el ejemplo anterior, que el campo eléctrico en el interior del conductor es nulo.

En el gráfico se puede apreciar la variación del campo eléctrico.

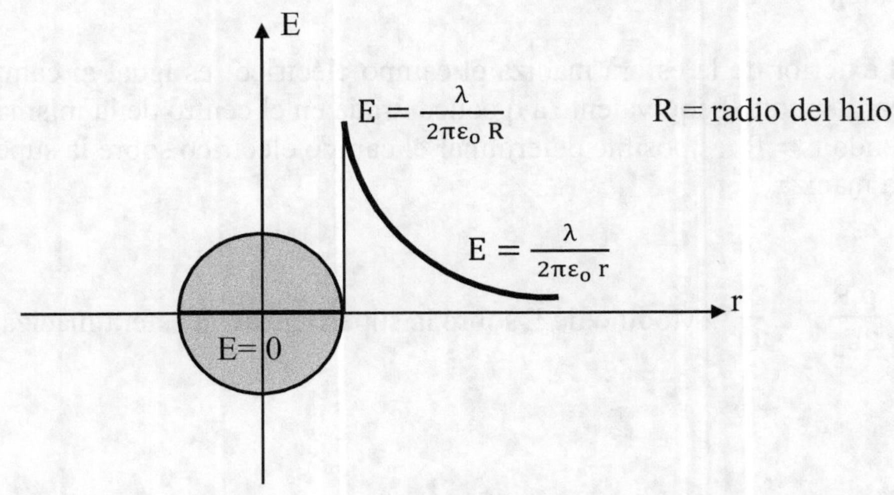

Esfera Maciza de Carga

La esfera maciza cargada con una densidad volumétrica de carga ρ positiva.

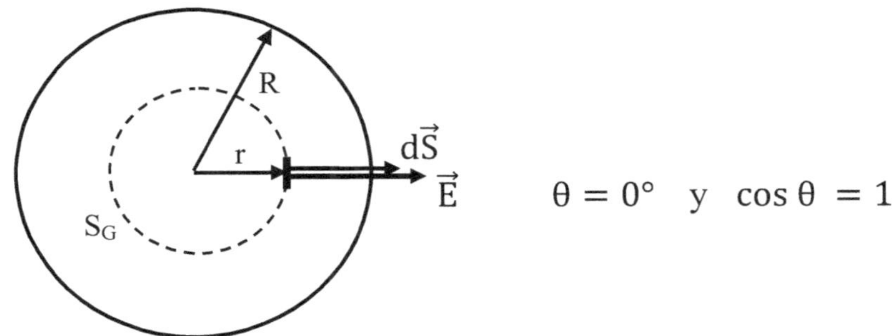

$\theta = 0°$ y $\cos \theta = 1$

Al ser la esfera maciza, con la carga distribuida uniformemente, las líneas de campo y por ende el campo eléctrico son perpendiculares a la superficie de la esfera.

Tomando una superficie Gaussiana S_G esférica de radio $r < R$ que encierra parte de la esfera maciza cargada, se plantea la Ley de Gauss a saber:

$$\emptyset_E = \oiint_S \vec{E}.d\vec{S} = \frac{q}{\varepsilon_o} \quad ó \quad \emptyset_E = \oiint_S E\,dS\,\cos\theta = \frac{q}{\varepsilon_o}$$

Teniendo en cuenta que el ángulo formado por los vectores $\vec{E}$ y $d\vec{S}$ es nulo a través de toda la superficie de la esfera, $\theta = 0$ $\cos \theta = 1$ y que $q = \rho v$ luego:

$$\emptyset_E = E \oiint_S dS = \frac{\rho v}{\varepsilon_o} \quad \text{sabiendo que} \quad \oiint_S dS = 4\pi r^2 \quad y \quad v = \frac{4}{3}\pi r^3 \text{ despejando}$$

$$E = \frac{\rho\,r}{3\varepsilon_o} \quad \frac{N}{C} \quad \text{Modulo de } \vec{E} \text{ dentro de la esfera maciza}$$

En el exterior de la esfera maciza el campo eléctrico es igual al campo generado por una carga puntual equivalente a q concentrada en el centro de la misma.

Haciendo $r = R$ es posible determinar el campo eléctrico sobre la superficie de la esfera maciza.

$$E = \frac{\rho\,R}{3\varepsilon_o} \quad \frac{N}{C} \quad \text{Modulo de } \vec{E} \text{ sobre la superficie de la esfera maciza}$$

En el gráfico se puede apreciar la variación del campo eléctrico.

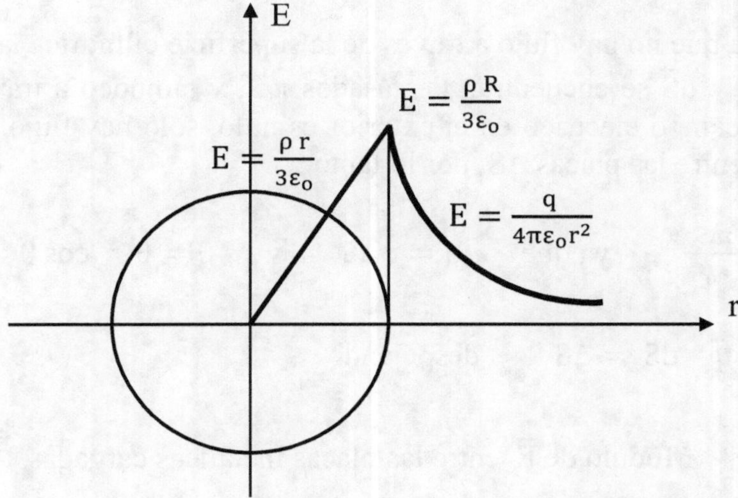

Placas Planas Conductoras Cargadas

Se trata de dos placas metálicas (de punta con respecto al plano de la hoja), que se encuentran cargadas con una densidad de carga total σ positiva.

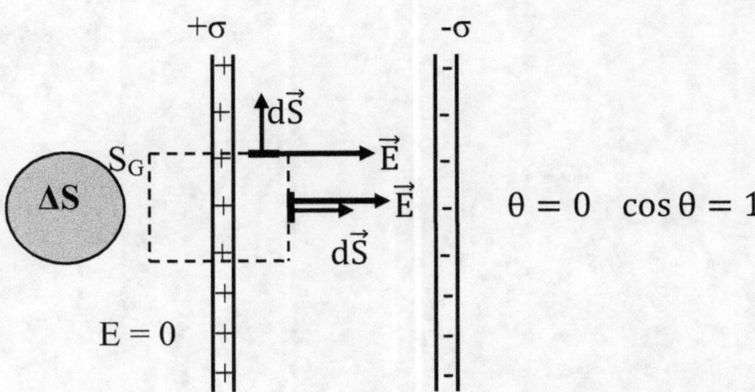

En este caso el campo eléctrico se encuentra confinado dentro de las placas metálicas. Las líneas de campo y por ende el campo eléctrico son perpendiculares a la superficie de las placas, de no ser así el campo generaría un movimiento de cargas que no existe, ya que se trata de un sistema de cargas estáticas.

Tomando una Superficie Gaussiana en forma de cilindro con tapas ΔS que encierra un trozo de placa de superficie ΔS, se plantea la Ley de Gauss a saber:

$$\emptyset_E = \oiint_S \vec{E}.\,d\vec{S} = \frac{q}{\varepsilon_o} \qquad ó \qquad \emptyset_E = \oiint_S E\,dS\,\cos\theta = \frac{q}{\varepsilon_o}$$

Teniendo en cuenta que no hay flujo a través de la superficie cilíndrica lateral debido a que los vectores $\vec{E}$ y $d\vec{S}$ se encuentran desfasados $\pi/2$, y tampoco a través de la tapa exterior ya que el campo eléctrico en el exterior es nulo, sólo hay flujo a través de la tapa comprendida entre las placas ΔS, por lo tanto:

$$\emptyset_E = E \oiint_S dS = \frac{\sigma \Delta S}{\varepsilon_o} \qquad \text{ya que} \qquad q = \sigma \Delta S \qquad y \qquad \theta = 0 \qquad \cos\theta = 1$$

sabiendo que $\qquad \oiint_S dS = \Delta S \qquad$ despejando

$$E = \frac{\sigma}{\varepsilon_o} \qquad \frac{N}{C} \qquad$$ Modulo de $\vec{E}$ entre las placas metálicas cargadas

POTENCIAL Y ENERGIA DEL CAMPO ELECTRICO

ENERGIA POTENCIAL ELECTRICA

Un campo de fuerzas es conservativo si el trabajo puede determinarse a través de la diferencia entre la energía potencial inicial y final.

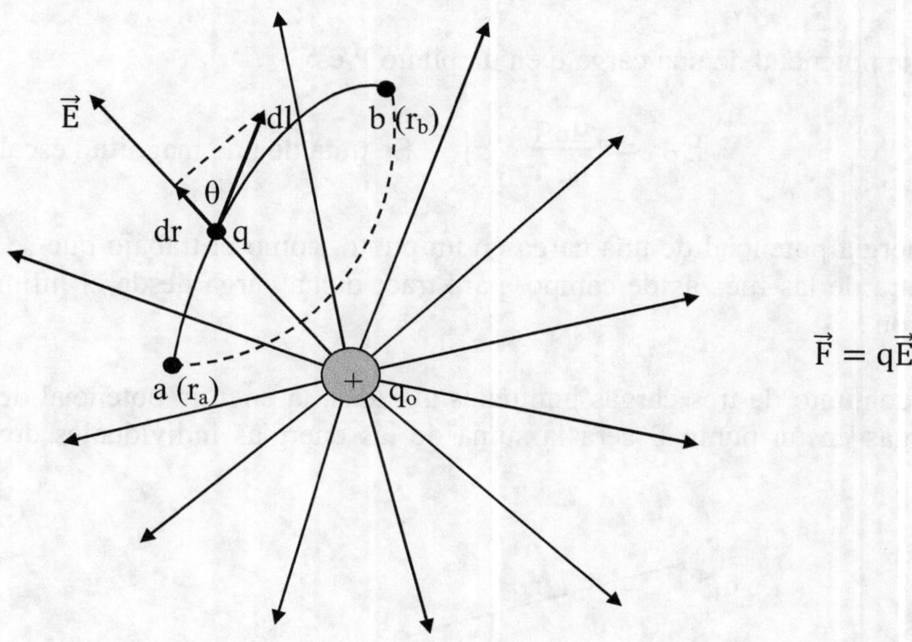

Para demostrar lo antes dicho comenzaremos por definir el trabajo que realizan las fuerzas del campo eléctrico para trasladar una carga q desde el punto a al punto b.

$$W_{ab} = \int_a^b \vec{F}.\,\vec{dl} \quad \text{ó} \quad W_{ab} = \int_a^b F\,dl\,\cos\theta$$

Si el campo eléctrico es un campo conservativo entonces:

$$W_{ab} = E_{Pa} - E_{Pb} \qquad \text{Se demostrará eso}$$

$$W_{ab} = \int_a^b q\vec{E}.\,\vec{dl} \qquad \text{ó} \qquad W_{ab} = \int_a^b qE\,dl\,\cos\theta \qquad \text{teniendo en cuenta que}$$

$$E = \frac{q_o}{4\pi\varepsilon_o r^2} \qquad y \qquad dl\cos\theta = dr \qquad \text{entonces}$$

$$W_{ab} = \frac{q_o q}{4\pi\varepsilon_o} \int_{r_a}^{r_b} \frac{dr}{r^2} \qquad \text{integrando y operando}$$

$$W_{ab} = \frac{q_o q}{4\pi\varepsilon_o}\left(\frac{1}{r_a} - \frac{1}{r_b}\right) \qquad \text{ó} \qquad W_{ab} = \frac{q_o q}{4\pi\varepsilon_o r_a} - \frac{q_o q}{4\pi\varepsilon_o r_b} \qquad \text{es decir}$$

$$W_{ab} = E_{Pa} - E_{Pb} \quad J$$

Como se puede apreciar el trabajo es independiente de la trayectoria, solo depende de los valores iniciales y finales de su energía potencial.

Luego la energía potencial de una carga q en un punto P es:

$$E_P = \frac{q_o q}{4\pi\varepsilon_o r} \quad J \qquad \text{Se trata de una magnitud escalar.}$$

Se define la energía potencial de una carga en un punto, como el trabajo que se debe realizar en contra de las fuerzas de campo, para traer dicha carga desde el infinito al punto en cuestión.

Si se tiene un conjunto de tres cargas puntuales aisladas, la energía potencial de este sistema de cargas en un punto P será la suma de las energías individuales de cada carga:

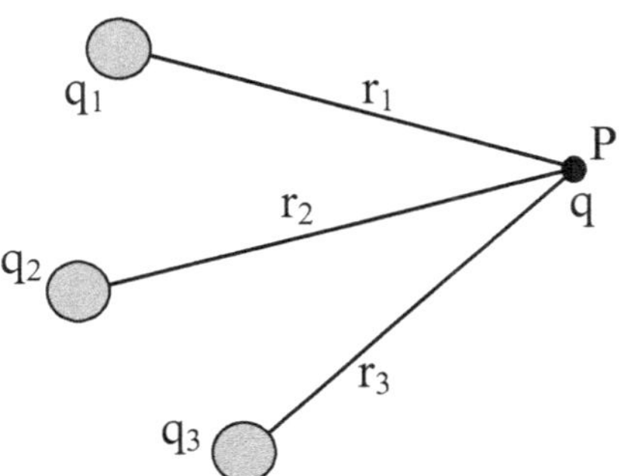

$$E_P = \frac{q}{4\pi\varepsilon_o}\left(\frac{q_1}{r_1} + \frac{q_2}{r_2} + \frac{q_3}{r_3}\right) \quad J$$

Generalizando para un sistema de n cargas, la energía potencial en un punto P es:

$$E_P = \frac{q}{4\pi\varepsilon_o}\sum_{i=1}^{n}\frac{q_i}{r_i} \quad J$$

POTENCIAL ELECTRICO

Se define ahora el potencial eléctrico en un punto, como la energía potencial eléctrica por unidad de carga en dicho punto. El potencial también es una magnitud escalar.

$$V_P = \frac{E_P}{q} \quad \frac{J}{C} \quad V \qquad \text{por lo tanto} \qquad E_P = q\, V_P$$

Siguiendo el mismo razonamiento, la diferencia de potencial entre dos puntos se define como la diferencia entre las energías potenciales por unidad de carga de dichos puntos, así:

$$V_{ab} = V_a - V_b \qquad V_{ab} = \frac{W_{ab}}{q} \qquad V_{ab} = \frac{E_{Pa}}{q} - \frac{E_{Pb}}{q} \qquad \text{luego:}$$

$$V_a - V_b = \int_a^b \vec{E}.\,d\vec{l} \qquad \text{ó} \qquad V_a - V_b = \int_a^b E\, dl\, \cos\theta$$

Si la trayectoria a través de la cual se desplaza la partícula es cerrada, el trabajo desarrollado es nulo, luego:

$$\oint \vec{E}.\,d\vec{l} = 0 \quad \text{(Definición de campo conservativo)}$$

Para el caso anterior de tres cargas puntuales, el potencial en el punto P es:

$$V_P = \frac{1}{4\pi\varepsilon_o}\left(\frac{q_1}{r_1} + \frac{q_2}{r_2} + \frac{q_3}{r_3}\right) \quad V \qquad \text{Generalizando para un sistema de n cargas}$$

$$V_P = \frac{1}{4\pi\varepsilon_o}\sum_{i=1}^n \frac{q_i}{r_i} \quad V$$

SUPERFICIES EQUIPOTENCIALES

Son superficies virtuales a través de las cuales el potencial se mantiene constante. Luego el trabajo para trasladar una carga a través de una superficie equipotencial es nulo.

Las líneas de campo eléctrico son siempre perpendiculares a las superficies equipotenciales.

A continuación se dan algunos ejemplos de superficies equipotenciales, se debe tener presente que lo que se observa es un corte de una geometría tridimensional.

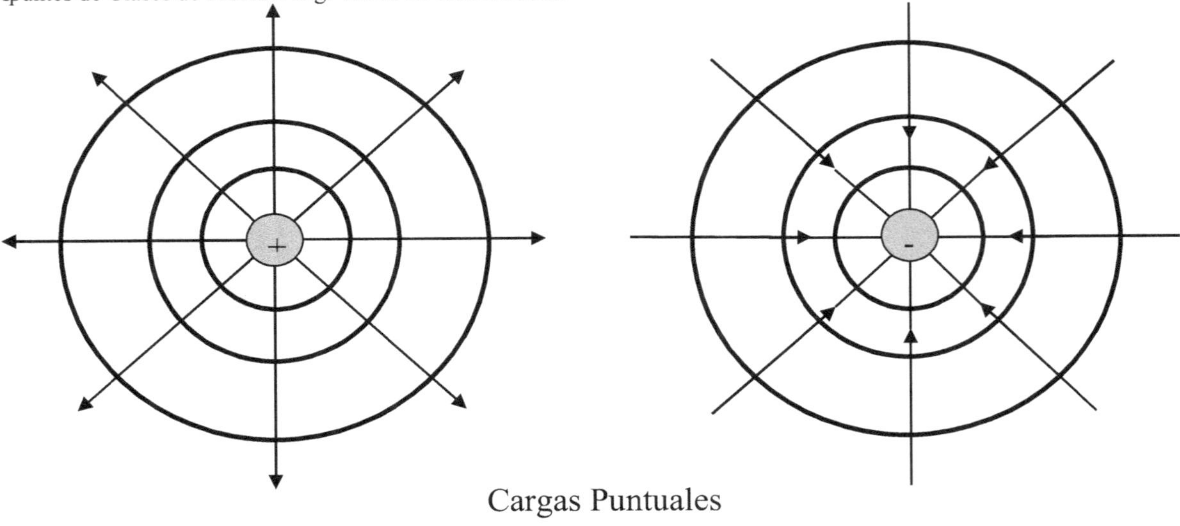

Cargas Puntuales

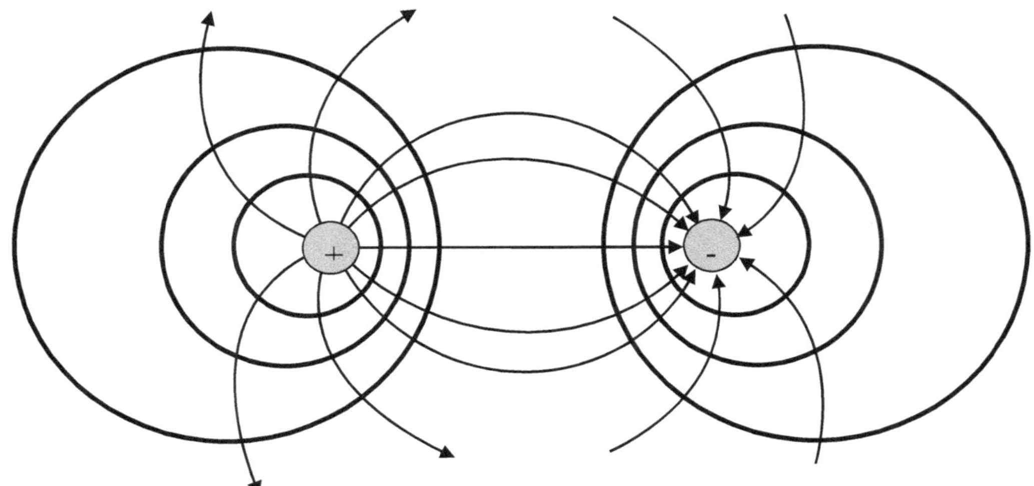

Dipolo Eléctrico

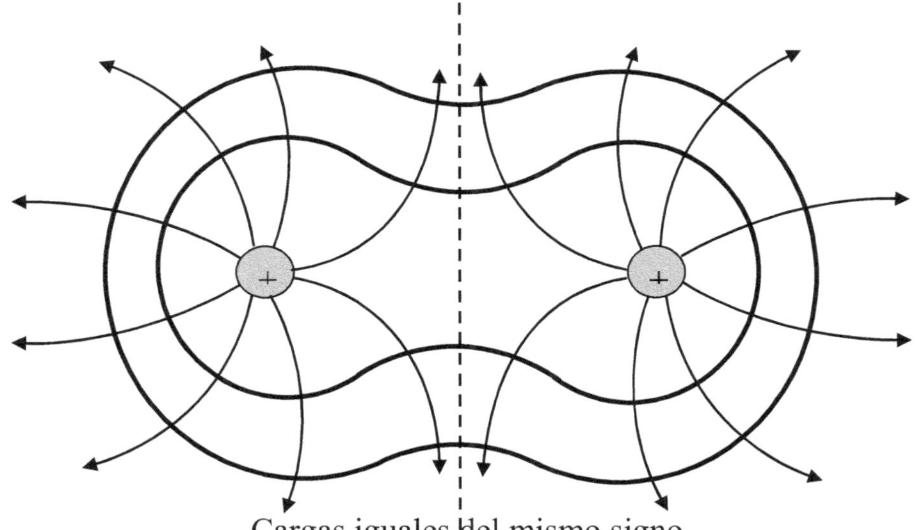

Cargas iguales del mismo signo

POTENCIAL EN DISTRIBUCIONES CONTINUAS DE CARGAS

Esfera Metálica Cargada

Si se tiene una esfera metálica de radio R, cargada con una carga total q positiva, se determina la expresión del potencial en el punto P a partir de la definición de la diferencia de potencial.

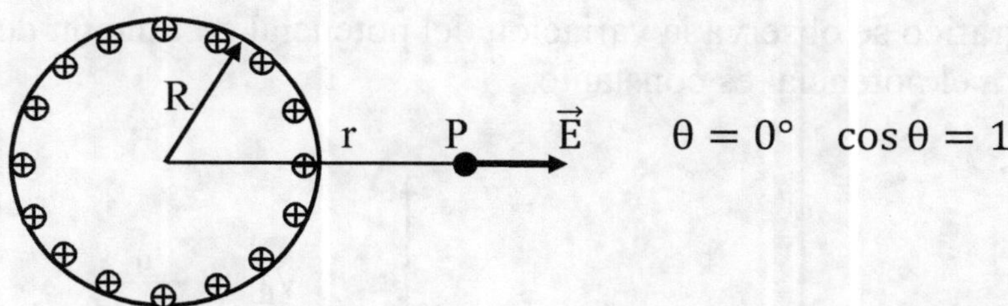

De la expresión de la diferencia de potencial se tiene:

$$V_a - V_b = \int_a^b E\,dl\,\cos\theta$$

En este caso se considera el punto b en el infinito al cual se le asigna potencial nulo, es decir: $V_b = 0$

De lo anterior, el potencial en un punto P fuera de la esfera a una distancia r es:

$$V = \int_r^\infty E\,dr\,\cos\theta \qquad \text{sabiendo que} \qquad E = \frac{q}{4\pi\varepsilon_o r^2} \quad y \quad \theta = 0° \quad \cos\theta = 1 \quad \text{luego:}$$

$$V = \int_r^\infty \frac{q}{4\pi\varepsilon_o r^2}\,dr \qquad \text{integrando y operando}$$

$$V = \frac{q}{4\pi\varepsilon_o r} \quad V$$

Para determinar el potencial sobre la superficie de la esfera se hace $r = R$ y por lo tanto:

$$V_R = \frac{q}{4\pi\varepsilon_o R} \quad V$$

El máximo potencial que puede alcanzar la esfera está limitado por el campo de ruptura o rigidez dieléctrica del aire, superado ese valor se produce la descarga violenta por ruptura del dieléctrico, en este caso, el aire.

Sabiendo que la rigidez dieléctrica del aire es:

$$E_{max} = 3 \times 10^6 \quad \frac{V}{m}$$

El máximo potencial que puede alcanzar una esfera cargada es:

$$V_{max} = R\,E_{max} \quad V$$

En el grafico se observa la variación del potencial en función de la distancia, dentro de la esfera el potencial es constante.

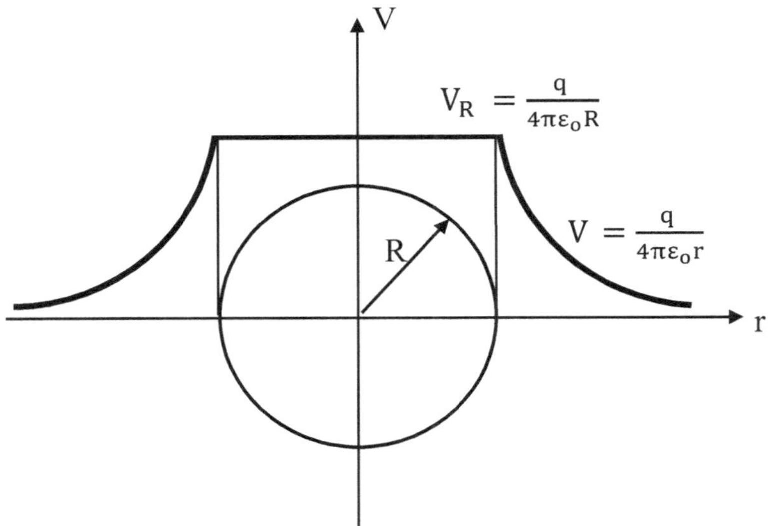

Hilo Metálico Cargado

Si se tiene una hilo metálico de radio R, cargado con una densidad lineal de carga λ positiva, se determina la expresión del potencial en el punto P a partir de la definición de la diferencia de potencial.

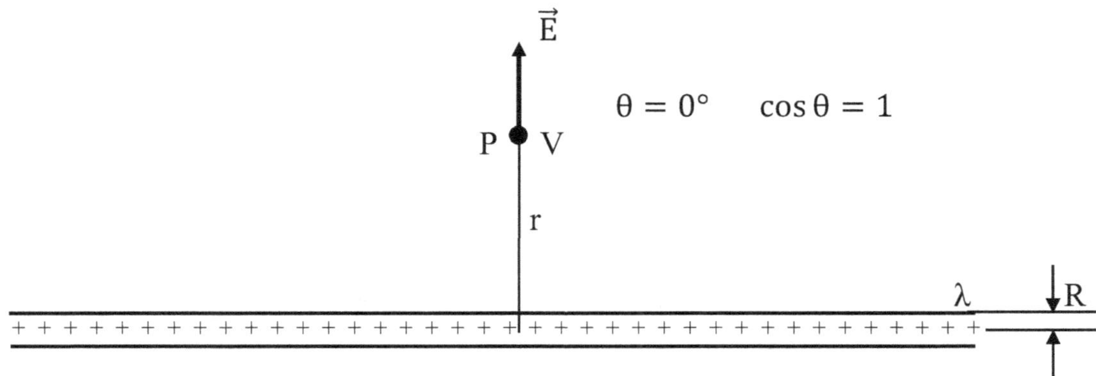

De la expresión de la diferencia de potencial se tiene:

$$V_a - V_b = \int_a^b E \, dl \, \cos\theta$$

En este caso se considera el punto b en la superficie del hilo al cual se le asigna potencial nulo, es decir: $V_b = 0$

De lo anterior, el potencial en un punto P fuera del hilo a una distancia r es:

$$V = \int_r^R E \, dr \, \cos\theta \qquad \text{sabiendo que} \qquad E = \frac{\lambda}{2\pi\varepsilon_o r} \qquad y \qquad \theta = 0° \quad \cos\theta = 1 \quad \text{luego:}$$

$$V = \int_r^R \frac{\lambda}{2\pi\varepsilon_o r} \, dr \qquad \text{integrando y operando}$$

$$V = \frac{\lambda}{2\pi\varepsilon_o} \ln\frac{R}{r} \quad V$$

En el grafico se observa la variación del potencial en función de la distancia, dentro del hilo el potencial es constante.

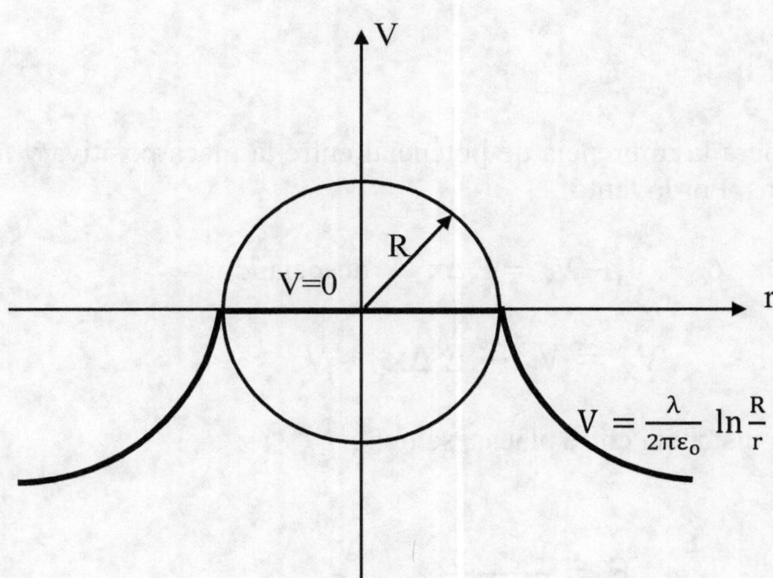

Placas Metálicas Cargadas

Si se tienen dos placas metálicas cargadas con una densidad superficial de carga σ positiva y negativa respectivamente, se determina la expresión del potencial en un punto x interior a partir de la definición de la diferencia de potencial.

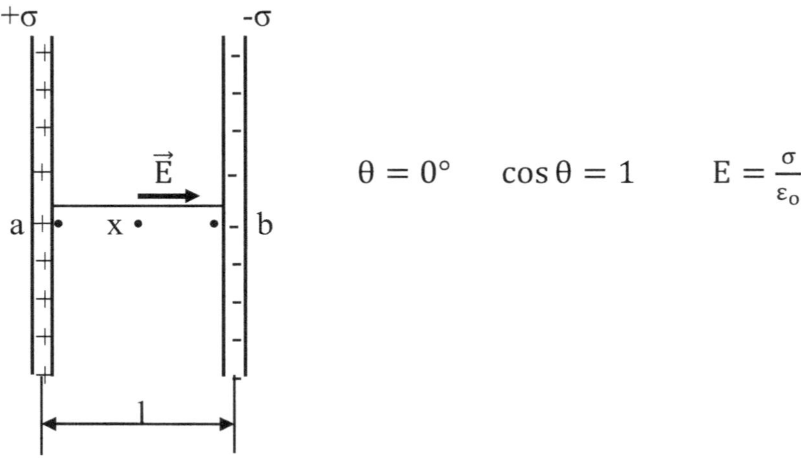

$$\theta = 0° \qquad \cos\theta = 1 \qquad E = \frac{\sigma}{\varepsilon_o}$$

De la expresión de la diferencia de potencial se tiene:

$$V_a - V_b = \int_a^b E\, dl\, \cos\theta$$

En este caso se considera la diferencia de potencial entre la placa positiva y un punto medio x entre las placas. Por lo tanto:

$$V_a - V_x = \int_a^x E\, dx \qquad \text{ó} \qquad V_a - V_x = E\, \Delta x \qquad \text{despejando:}$$

$$V_x = V_a - E\, \Delta x \qquad V$$

Si se considera $\Delta x = l$ distancia entre placas, se tiene:

$$E = \frac{V_a - V_b}{l} \qquad \frac{V}{m}$$

GRADIENTE DE POTENCIAL

Para el caso de una carga puntual positiva, el campo eléctrico y el potencial en un punto P son:

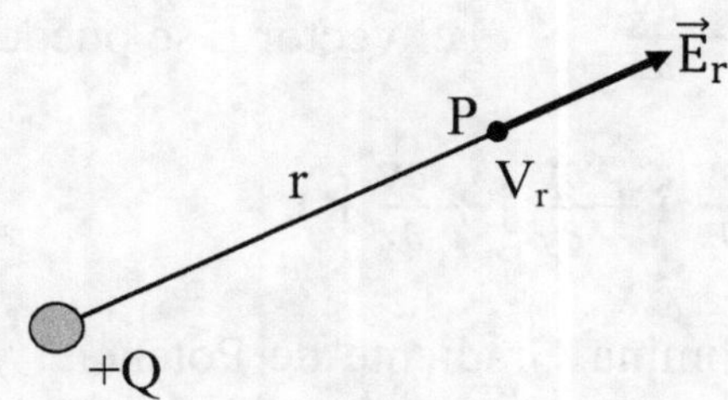

$$E_r = \frac{Q}{4\pi\varepsilon_0 r^2} \quad \frac{V}{m} \qquad\qquad V_r = \frac{Q}{4\pi\varepsilon_0 r} \quad V$$

Observando la expresión del potencial V_r , es evidente que derivando el potencial respecto de r y cambiando de signo, se obtiene el modulo del vector campo eléctrico $\vec{E}_r$ es decir:

$$E_r = -\frac{dV_r}{dr} \qquad ó \qquad E_r = -\frac{d\left(\frac{Q}{4\pi\varepsilon_0 r}\right)}{dr} \qquad \Longrightarrow \qquad E_r = \frac{Q}{4\pi\varepsilon_0 r^2}$$

Se debe tener presente que el potencial V_r es una magnitud escalar mientras que el campo eléctrico $\vec{E}_r$ una magnitud vectorial.

Si en el gráfico inicial los puntos a y b se consideran muy próximos entre sí, el desplazamiento de a a b es dl, luego por definición de diferencia de potencial se tiene:

$$V_b - V_a = -\int_a^b \vec{E}.\,d\vec{l} \qquad \text{por lo tanto} \qquad dV = -\vec{E}.\,d\vec{l} \quad 1$$

Dando el campo $\vec{E}$ y $d\vec{l}$ en coordenadas cartesianas y el diferencial total de la función potencial $V_{(x,y,z)}$ se tiene:

$$\vec{E} = E_x\,\hat{\imath} + E_y\,\hat{\jmath} + E_z\,\hat{k} \qquad d\vec{l} = dx\,\hat{\imath} + dy\,\hat{\jmath} + dz\,\hat{k}$$

$$dV = \frac{\partial V}{\partial x}\,dx + \frac{\partial V}{\partial y}\,dy + \frac{\partial V}{\partial z}\,dz$$

De la expresión 1 por tratarse de un producto escalar entre $\vec{E}$ y $d\vec{l}$ se tiene:

$$\frac{\partial V}{\partial x}\,dx + \frac{\partial V}{\partial y}\,dy + \frac{\partial V}{\partial z}\,dz = -\left(E_x\,dx + E_y\,dy + E_z\,dz\right)$$

Esta igualdad debe ser válida para cualquier dx, dy, dz, por lo tanto se debe cumplir que:

$$E_x = -\frac{\partial V}{\partial x} \qquad E_y = -\frac{\partial V}{\partial y} \qquad E_z = -\frac{\partial V}{\partial z}$$ el vector $\vec{E}$ se puede expresar como:

$$\vec{E} = -\left(\frac{\partial V}{\partial x}\,\hat{\imath} + \frac{\partial V}{\partial y}\,\hat{\jmath} + \frac{\partial V}{\partial z}\,\hat{k}\right)$$

Al término entre paréntesis se lo denomina Gradiente de Potencial y se trata de una magnitud vectorial, es decir:

$$\overrightarrow{\text{Grad}}\,V = \left(\frac{\partial V}{\partial x}\,\hat{\imath} + \frac{\partial V}{\partial y}\,\hat{\jmath} + \frac{\partial V}{\partial z}\,\hat{k}\right)$$ por lo tanto:

$$\vec{E} = -\overrightarrow{\text{Grad}}\,V \quad \frac{V}{m} \qquad \text{ó} \qquad \vec{E} = -\vec{\nabla}\,V \quad \frac{V}{m}$$ siendo:

$\vec{\nabla}$ Operador nabla: $\frac{\partial}{\partial x}\hat{\imath} + \frac{\partial}{\partial y}\,\hat{\jmath} + \frac{\partial}{\partial z}\,\hat{k}$

El vector campo eléctrico $\vec{E}$ apunta hacia los potenciales decrecientes.

El vector gradiente de potencial $\overrightarrow{\text{Grad}}\,V$ apunta hacia los potenciales crecientes.

Conociendo la función potencial de algunas configuraciones de cargas, es posible determinar el campo eléctrico generado mediante el uso del gradiente de potencial como se pudo observar en el caso de una carga puntual al comienzo.

APLICACIONES DE GRADIENTE DE POTENCIAL

Carga Puntual
Se sabe que el potencial generado por una carga puntual positiva a una distancia r de la misma es:

$$V_r = \frac{Q}{4\pi\varepsilon_0 r} \qquad \text{como} \qquad E_r = -\frac{dV_r}{dr}$$

$$E_r = \frac{Q}{4\pi\varepsilon_0 r^2} \quad \frac{V}{m}$$

Hilo Conductor Cargado

Se sabe que el potencial generado por un hilo conductor cargado a una distancia r del mismo es:

$$V_r = \frac{\lambda}{2\pi\varepsilon_o} \ln \frac{R}{r} \qquad \text{ó} \qquad V_r = \frac{\lambda}{2\pi\varepsilon_o}(\ln R - \ln r) \qquad \text{como} \qquad E_r = -\frac{dV_r}{dr}$$

$$E_r = \frac{\lambda}{2\pi\varepsilon_o r} \qquad \frac{V}{m}$$

Esfera Conductora Cargada

Se sabe que el potencial generado por una esfera conductora cargada a una distancia r de la misma es:

$$V_r = \frac{Q}{4\pi\varepsilon_o r} \qquad \text{como} \qquad E_r = -\frac{dV_r}{dr}$$

$$E_r = \frac{Q}{4\pi\varepsilon_o r^2} \qquad \frac{V}{m}$$

Como se sabe en el interior de la esfera el campo eléctrico es nulo, luego el potencial V es constante (la derivada de una cte. es cero).

Placas Metálicas Cargadas

Se sabe que el potencial generado entre dos placas metálicas es:

$$\Delta V = E\,\Delta x \qquad \text{como} \qquad E_x = -\frac{dV_x}{dx}$$

$$E = \frac{\Delta V}{\Delta x} \qquad \frac{V}{m}$$

INDUCCION ELECTROSTATICA

Si a una esfera metálica hueca cargada positivamente, se le introduce una carga extra en su interior, se produce una separación de cargas dentro del metal por inducción electrostática, cargas negativas son atraídas a la superficie interior de la esfera y aparece una carga positiva extra sobre la superficie externa.

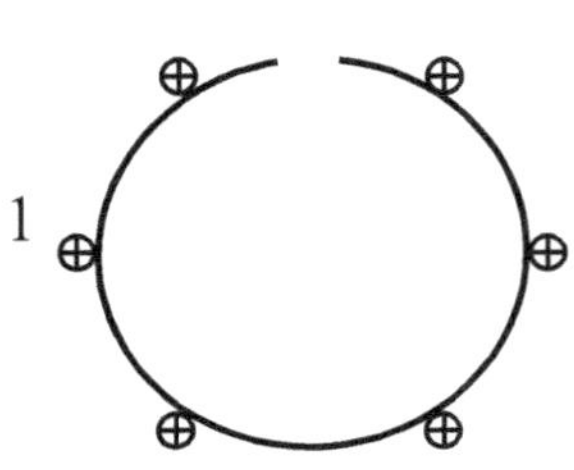

Esfera con carga

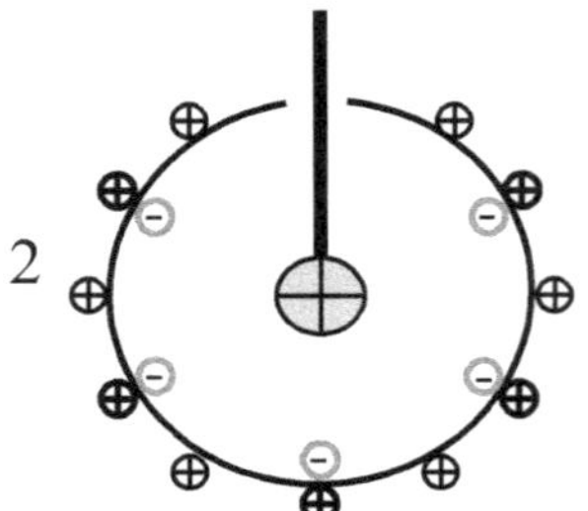

Inducción electrostática

Si ahora se hace contacto entre la carga de la barra interior con la esfera y luego se retira, la carga de la barra se anula con la carga negativa del interior de la esfera.

Se anulan la carga de la barra
con las cargas negativas

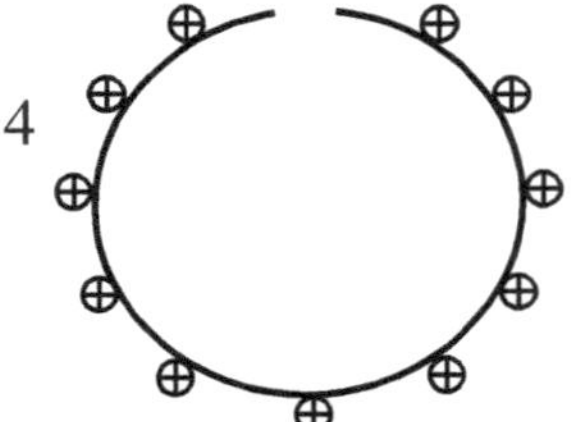

La esfera queda cargada

Repitiendo este proceso manual sucesivas veces se logra cargar la esfera.
Van der Graaff ideó una máquina electrostática para lograr cargar una esfera metálica en forma mecánica utilizando este proceso físico.

GENERADOR DE VAN DER GRAAFF

Se trata de una máquina electrostática que constituye el primer generador eléctrico.

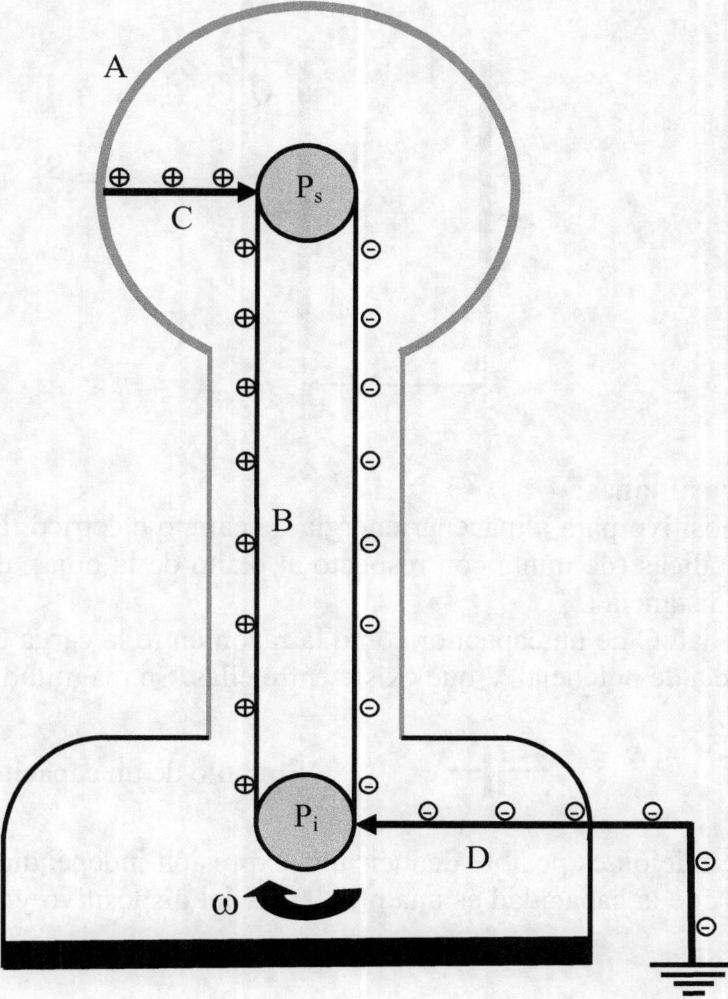

Dos poleas P_i (movida por un motor con velocidad ω) y P_s generan el movimiento de una correa B.

En la fricción de la correa B con la polea P_i se generan las cargas que son arrastradas por la parte izquierda de la correa hacia la parte superior.

El peine C conduce las cargas hacia la esfera A que se va cargando en forma continua.

La parte derecha de la correa transporta las cargas negativas hacia la parte inferior las cuales son captadas por el peine D y conducidas a tierra.

PROPIEDADES ELECTRICAS DE LA MATERIA Y CAPACITORES

CAPACITORES

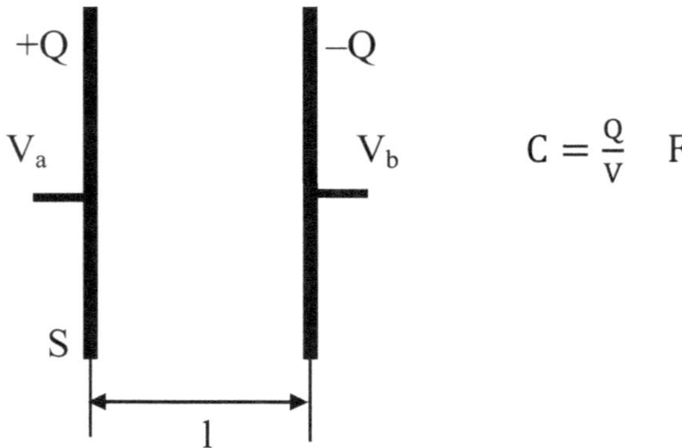

Capacitor de Placas Planas:

Se trata de un dispositivo para almacenar energía de campo eléctrico. Está compuesto por dos placas metálicas (de punta con respecto al plano de la hoja), de superficie S, separadas por una distancia l.

Se define la capacidad C de un capacitor como la razón entre la carga Q de una de las placas y la diferencia de potencial V que existe entre ellas. Su magnitud es el Faradio.

$$C = \frac{Q}{V} \qquad \frac{C}{V} \quad F$$

Símbolo de un capacitor

A partir de esta definición es posible deducir una expresión independiente de la carga y d.d.p. reflejando que la capacidad es una propiedad del dispositivo y no de su estado de carga.

Sabiendo que el campo eléctrico en el interior de un capacitor de placas planas en el vacío es:

$$E_o = \frac{\sigma}{\varepsilon_o} \qquad y \ que \quad V = E_o l \quad y \quad Q = \sigma S \qquad Siendo:$$

S (superficie de las placas)   y   l (la separación entre placas)   Reemplazando

$$C_o = \frac{\varepsilon_o S}{l} \quad F$$

Capacidad de un condensador plano en el vacío. Expresión que muestra que la capacidad depende solamente de su geometría.

CONEXION DE CAPACITORES

A veces en los diseños de circuitos eléctricos es necesario incorporar valores de capacidad diferentes a los normalizados, surge así la necesidad de realizar combinaciones de capacidades standares para lograr el valor deseado.

CONEXION EN SERIE

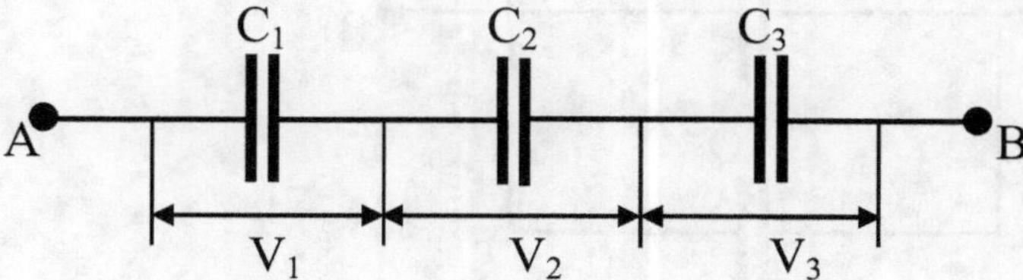

En este caso $Q_1 = Q_2 = Q_3 = Q_T$ de no ser así habría desplazamiento de cargas.

Sabiendo que:

$$C_1 = \frac{Q_1}{V_1} \qquad C_2 = \frac{Q_2}{V_2} \qquad C_3 = \frac{Q_3}{V_3} \quad \text{y que la d.d.p. entre A y B es:}$$

$$V_T = V_1 + V_2 + V_3$$

$$V_T = \frac{Q_1}{C_1} + \frac{Q_2}{C_2} + \frac{Q_3}{C_3} \qquad V_T = Q_T \left(\frac{1}{C_1} + \frac{1}{C_2} + \frac{1}{C_3} \right) \qquad \text{y como} \quad V_T = \frac{Q_T}{C_T}$$

$$\frac{1}{C_T} = \left(\frac{1}{C_1} + \frac{1}{C_2} + \frac{1}{C_3} \right)$$

En general para n capacitores:

$$\frac{1}{C_T} = \sum_{i=1}^{n} \frac{1}{C_i}$$

La inversa de la capacidad total es igual a la suma de las inversas de las capacidades parciales.

CONEXION EN PARALELO

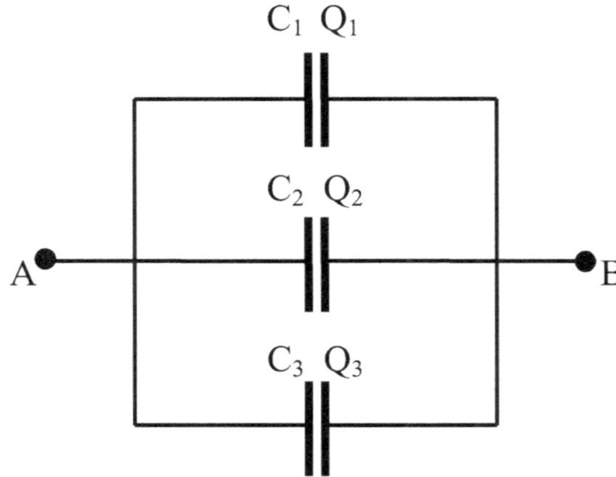

En este caso $V_1 = V_2 = V_3 = V_T$ de no ser así habría circulación de corriente.

Sabiendo que:

$$C_1 = \frac{Q_1}{V_1} \qquad C_2 = \frac{Q_2}{V_2} \qquad C_3 = \frac{Q_3}{V_3} \qquad \text{y que:}$$

$$Q_T = Q_1 + Q_2 + Q_3$$

$$Q_T = C_1 V_1 + C_2 V_2 + C_3 V_3$$

$$Q_T = V_T (C_1 + C_2 + C_3) \qquad \text{y como} \qquad Q_T = V_T C_T$$

$$C_T = C_1 + C_2 + C_3$$

En general para n capacitores:

$$C_T = \sum_{i=1}^{n} C_i$$

La capacidad total es igual a la suma de las capacidades parciales.

ENERGIA ALMACENADA EN UN CAPACITOR

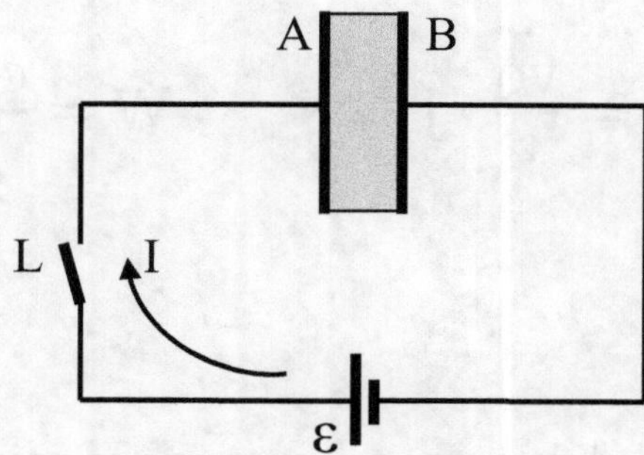

Al cerrar el interruptor del circuito, el capacitor comienza a cargarse hasta alcanzar la d.d.p. de la batería.

Comienza a almacenarse energía potencial electrostática en el capacitor de la siguiente manera:

Cuando la carga pasa de un valor q_i a otro q_i+dq, es decir se incrementa dq, el incremento de energía dW es:

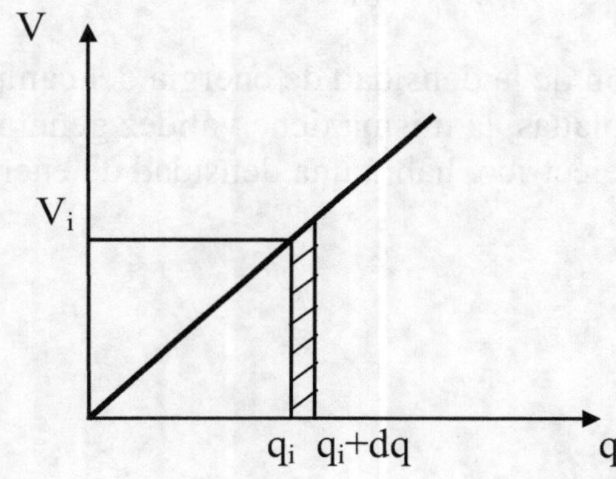

$$dW = V_i\, dq \qquad y\ como \qquad V_i = \frac{q_i}{C}$$

Integrando esta expresión se obtiene la energía total almacenada durante el proceso de carga, es decir:

$$W = \int dw \qquad ó \qquad W = \frac{1}{C}\int_0^Q q\, dq \qquad integrando$$

$$W = \frac{Q^2}{2C} \quad J$$

Siendo Q la carga máxima almacenada en el capacitor.

Sabiendo que: $C = \dfrac{Q}{V}$ ó $Q = C\,V$ operando:

$$W = \frac{Q^2}{2C} \ \ J \qquad\qquad W = \frac{VQ}{2} \ \ J \qquad\qquad W = \frac{CV^2}{2} \ \ J$$

DENSIDAD DE ENERGIA

Una magnitud importante es la densidad de energía o energía por unidad de volumen. Para ello nos valemos de un capacitor plano en el vacío, haciendo el cociente entre la energía almacenada en el mismo y el volumen del capacitor.

$$u_o = \frac{C_o V_o^2}{2Sl} \qquad \text{Sabiendo que} \qquad C_o = \frac{\varepsilon_o S}{l} \qquad y \qquad E_o = \frac{V_o}{l}$$

$$u_o = \frac{\varepsilon_o E_o^2}{2} \ \ \frac{J}{m^3}$$

Si bien se determinó la expresión de la densidad de energía del campo eléctrico para el caso de un capacitor de placas planas, la misma tiene validez general. Toda vez que se esté en presencia de un campo eléctrico, habrá una densidad de energía asociada.

CAPACITOR CON DIELECTRICO

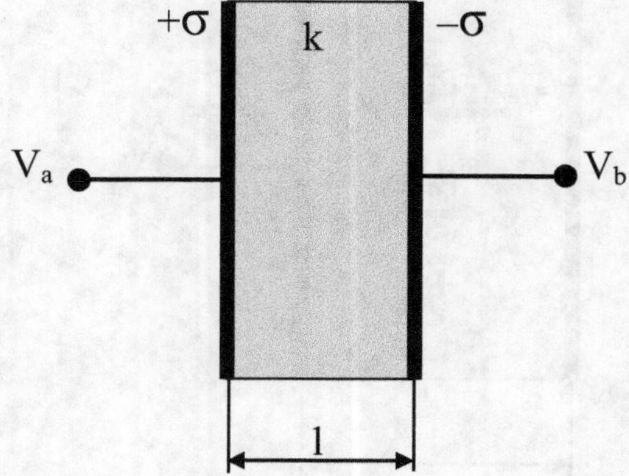

Si se coloca un material dieléctrico entre las placas del capacitor plano, es decir se reemplaza el vacío por un material dieléctrico, y se mide la d.d.p. entre sus placas, se podrá observar que $V < V_o$ y como:

$$C = \frac{Q}{V} \quad \Longrightarrow \quad C > C_o$$

ya que Q es constante por encontrarse el capacitor desconectado.

Se denomina constante dieléctrica del material k a la razón entre C y C_o es decir:

$$k = \frac{C}{C_o} \qquad \text{Constante adimensional}$$

La expresión del valor de C ahora es:

$$C = \frac{k\varepsilon_o S}{l} \quad F \qquad \text{ó} \qquad C = \frac{\varepsilon S}{l} \quad F \qquad \text{siendo}$$

$$\varepsilon = k\varepsilon_o \quad \frac{C^2}{N\,m^2} \qquad \text{Permitividad eléctrica del material.}$$

Existen tres importantes razones para utilizar dieléctricos entre las placas de los capacitores a saber:

a-Resuelve el problema mecánico de mantener superficies grandes a distancias pequeñas sin contacto entre ellas.
b-Aumenta el valor de la capacidad C del capacitor.
c-Permite aumentar la d.d.p. entre placas ya que la rigidez dieléctrica es mayor que la del vacío.

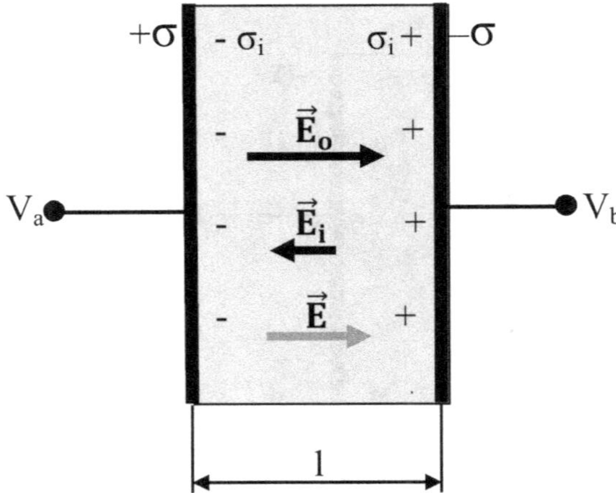

Si a un capacitor con dieléctrico incorporado se le aplica una d.d.p. entre sus placas aparecerá una densidad de carga inducida o ligada σ_i sobre la superficie del dieléctrico generando un campo inducido $\vec{E}_i$ menor que $\vec{E}_o$ y de sentido opuesto tal que:

$$\vec{E} = \vec{E}_o + \vec{E}_i \qquad \text{y como} \qquad E_o = \frac{\sigma}{\varepsilon_o} \qquad\qquad E = \frac{\sigma - \sigma_i}{\varepsilon_o}$$

$$k = \frac{C}{C_o} \quad ; \quad k = \frac{V_o}{V} \quad ; \quad k = \frac{E_o}{E} \quad \Longrightarrow \quad E = \frac{\sigma}{k\varepsilon_o} \quad \text{por lo tanto}$$

$$E = \frac{\sigma}{\varepsilon} \quad \frac{V}{m} \qquad\qquad y \qquad\qquad k = \frac{\sigma}{\sigma - \sigma_i}$$

POLARIZACION

Es un fenómeno físico a través del cual los dipolos moleculares se alinean bajo la acción de un campo eléctrico. Las moléculas que componen los materiales dieléctricos pueden ser polares o no polares. En el primer caso se trata de moléculas que tiene sus cargas separadas, constituyen de por si un dipolo eléctrico. En el segundo caso se trata de moléculas cuyas cargas no se encuentran separadas, por lo tanto no constituyen de por si un dipolo eléctrico.

En el primer caso las moléculas se alinean con el campo $\vec{E}$ tanto más cuanto mayor es el campo. En el segundo caso las moléculas primero separan las cargas y luego se alinean, en ambos casos el resultado final es el mismo.

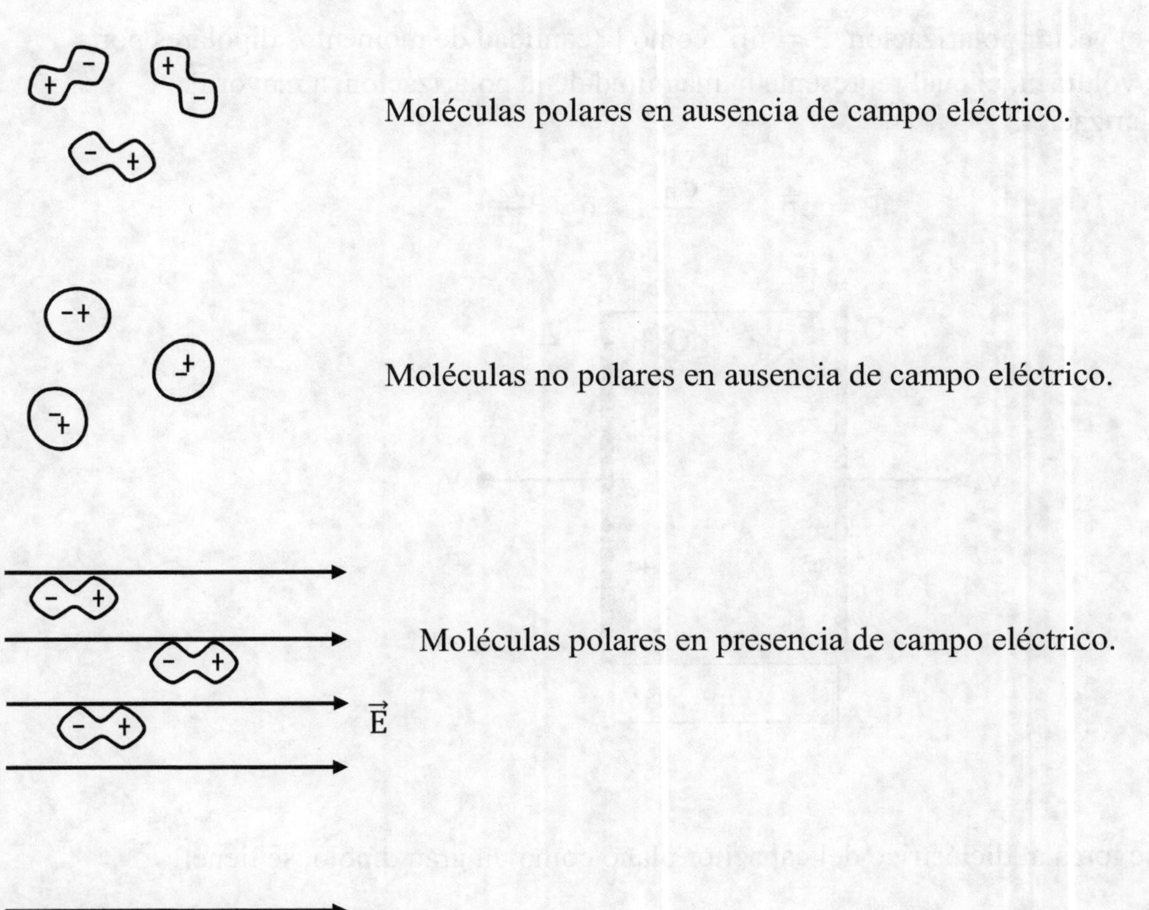

Moléculas polares en ausencia de campo eléctrico.

Moléculas no polares en ausencia de campo eléctrico.

Moléculas polares en presencia de campo eléctrico.

Moléculas no polares en presencia de campo eléctrico.

Dentro del capacitor el resultado es el que se observa en el dibujo del mismo, es decir una densidad de carga inducida o ligada sobre la superficie del dieléctrico:

Como ya se vio anteriormente, se define el vector momento dipolar $\vec{p} = q \cdot d$ C m

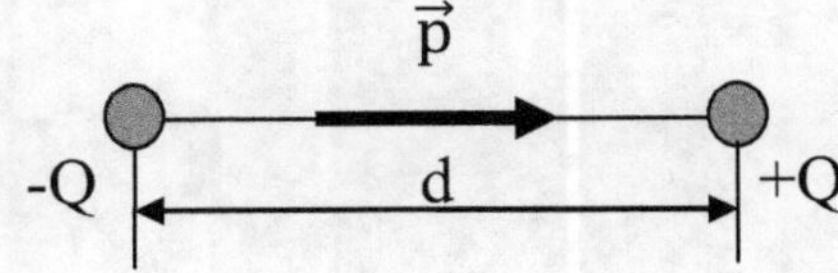

Se define el vector polarización $\vec{P} = n\vec{p}$ como la cantidad de momentos dipolares por unidad de volumen, el cual representa la magnitud de la polarización, a mayor $\vec{P}$, mayor polarización.

$$\vec{P} = n\vec{p} \qquad \frac{C\,m}{m^3} \quad \text{ó} \quad \frac{C}{m^2}$$

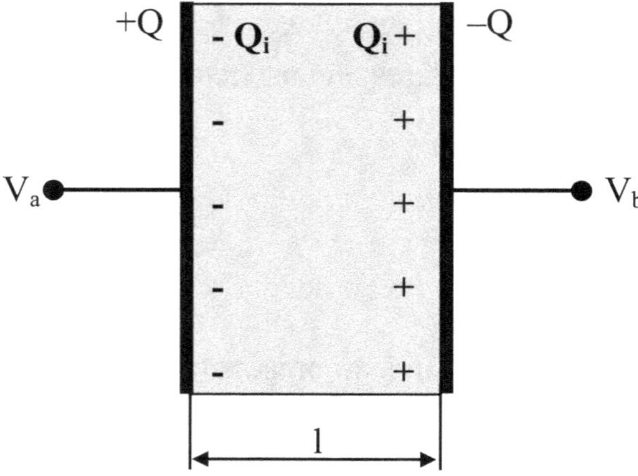

Si ahora se toma al dieléctrico del capacitor plano como un gran dipolo, se tiene:

$P = \dfrac{Q_i\, l}{S\, l}$ Simplificando

$$P = \frac{Q_i}{S} = \sigma_i \qquad \frac{C}{m^2}$$

Es preciso aclarar que aunque son iguales en magnitud, $\vec{P}$ es una magnitud vectorial mientras que σ_i es una magnitud escalar.

LEY DE GAUSS GENERALIZADA

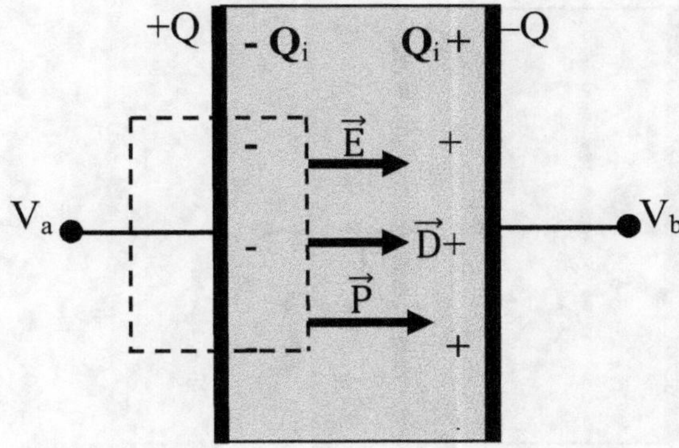

Si se analiza un capacitor plano con dieléctrico, planteando una superficie gaussiana apropiada y se aplica la ley de Gauss tanto para $\vec{E}$ como para $\vec{P}$ se tiene:

$$\oiint_S \vec{E}.d\vec{S} = \frac{Q - Q_i}{\varepsilon_o} \qquad ó \qquad \varepsilon_o \oiint_S \vec{E}.d\vec{S} = Q - Q_i$$

$$\oiint_S \vec{P}.d\vec{S} = -Q_i \qquad \text{Flujo positivo debido a cargas negativas. Reemplazando:}$$

$$\oiint_S \left(\varepsilon_o\vec{E} + \vec{P}\right).d\vec{S} = Q$$

El término entre paréntesis se denomina vector desplazamiento $\vec{D}$ luego:

$$\oiint_S \vec{D}.d\vec{S} = Q \; C$$

El flujo del vector desplazamiento eléctrico a través de una superficie cerrada depende solamente de las cargas reales encerradas por dicha superficie.

Teniendo en cuenta que:

$$\varepsilon_o E = \sigma - \sigma_i \qquad ; \qquad D = \sigma \qquad y \qquad k = \frac{\sigma}{\sigma - \sigma_i} \qquad \text{luego:}$$

$$D = k\varepsilon_o E \quad \frac{C}{m^2} \qquad ó \qquad D = \varepsilon E \quad \frac{C}{m^2}$$

CAPACITOR PLANO

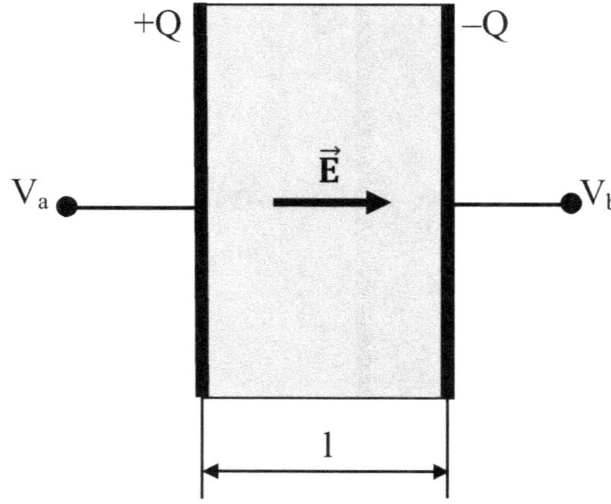

Se trata de dos placas planas paralelas (de punta con respecto al plano de la hoja) y el campo eléctrico $\vec{E}$ comprendido entre ellas.

Sabiendo que:

$$E_o = \frac{\sigma}{\varepsilon_o} \quad ; \quad E_o = \frac{Q}{S\,\varepsilon_o} \quad ; \quad E_o = \frac{V_o}{l} \qquad y \qquad C_o = \frac{Q}{V_o} \qquad \text{(Vacío)}$$

$$C_o = \frac{\varepsilon_o S}{l} \quad F \qquad \text{Capacidad en el vacío}$$

Como $C = kC_o \qquad C = \frac{k\varepsilon_o S}{l} \qquad y \qquad \varepsilon = k\varepsilon_o$

$$C = \frac{\varepsilon S}{l} \quad F \qquad \text{Capacidad con dieléctrico}$$

CAPACITOR ESFERICO

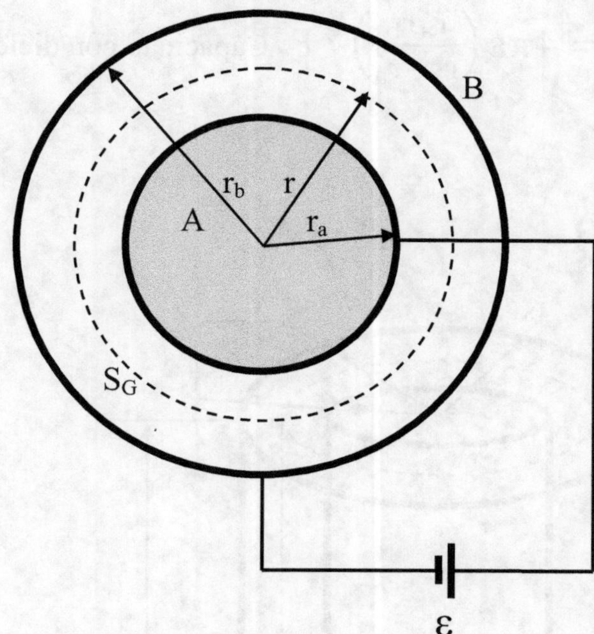

Se trata de dos esferas concéntricas y el campo eléctrico $\vec{E}$ comprendido entre ellas.

Se aplica la ley de Gauss para determinar el campo eléctrico:

$$\oiint_S \vec{E}.d\vec{S} = \frac{Q}{\varepsilon_o}$$ siendo Q la carga de la esfera interior. Se deduce:

$$E_o = \frac{Q}{4\pi\varepsilon_o r^2}$$ Vacío

Aplicando d.d.p.

$$V_{ab} = \int_{r_a}^{r_b} \vec{E}.d\vec{r} \qquad V_{ab} = \frac{Q}{4\pi\varepsilon_o}\int_{r_a}^{r_b}\frac{1}{r^2}\,dr \qquad \text{integrando}$$

$$V_{ab} = \frac{Q}{4\pi\varepsilon_o}\left(\frac{1}{r_a} - \frac{1}{r_b}\right)$$

Como $C_o = \frac{Q}{V_o}$ (Vacío)

$$C_o = 4\pi\varepsilon_o\left(\frac{r_a r_b}{r_b - r_a}\right) \quad \text{F} \quad \text{Capacidad en el vacío}$$

Como $\; C = kC_o \qquad C = 4\pi k\varepsilon_o\left(\dfrac{r_a r_b}{r_b - r_a}\right) \qquad$ y $\qquad \varepsilon = k\varepsilon_o$

$$C = 4\pi\varepsilon\left(\frac{r_a r_b}{r_b - r_a}\right) \; \text{F} \;\; \text{Capacidad con dieléctrico}$$

CAPACITOR CILINDRICO

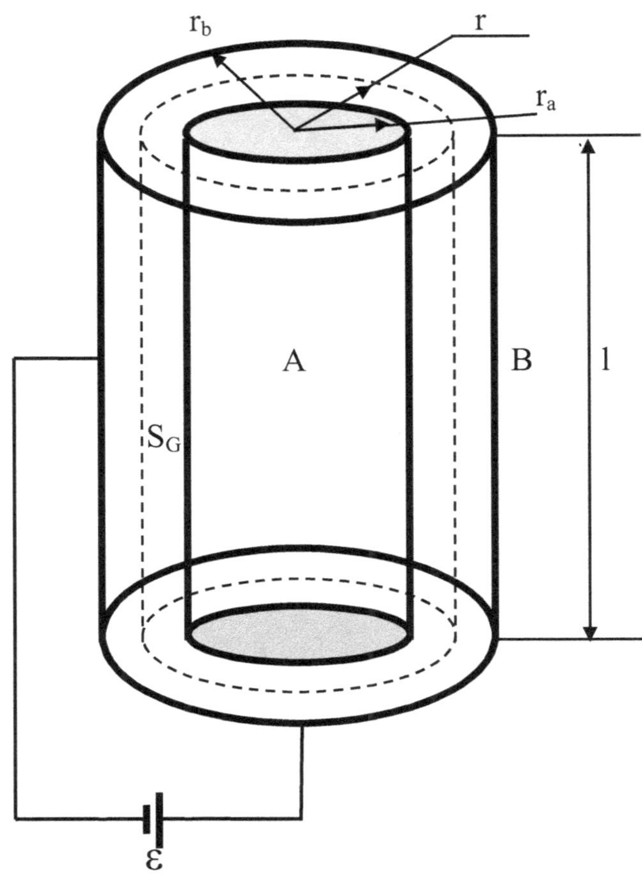

Se trata de dos cilindros concéntricos y el campo eléctrico $\vec{E}$ comprendido entre ellos.

Se aplica la ley de Gauss para determinar el campo eléctrico:

$$\oiint_S \vec{E}.\,d\vec{S} = \frac{Q}{\varepsilon_o} \qquad \text{siendo Q la carga del cilindro interior. Se deduce.}$$

$$E = \frac{Q}{2\pi\varepsilon_0 l\, r} \qquad \text{Vacío}$$

Aplicando d.d.p.

$$V_{ab} = \int_{r_a}^{r_b} \vec{E}.\,d\vec{r} \qquad\qquad V_{ab} = \frac{Q}{2\pi\varepsilon_0 l}\int_{r_a}^{r_b} \frac{1}{r}\,dr$$

$$V_{ab} = \frac{Q}{2\pi\varepsilon_0 l}\ln\frac{r_b}{r_a}$$

Como $\quad C_o = \dfrac{Q}{V_o} \qquad$ (Vacío)

$$C_o = \frac{2\pi\varepsilon_0 l}{\ln\dfrac{r_b}{r_a}} \qquad F \qquad \text{Capacidad en el vacío}$$

Como $\;C = kC_o \qquad\qquad C = \dfrac{2\pi k\varepsilon_0 l}{\ln\dfrac{r_b}{r_a}} \qquad y \qquad \varepsilon = k\varepsilon_o$

$$C = \frac{2\pi\varepsilon l}{\ln\dfrac{r_b}{r_a}} \qquad F \qquad \text{Capacidad con dieléctrico}$$

CORRIENTE ELECTRICA–CIRCUITOS

CORRIENTE ELECTRICA

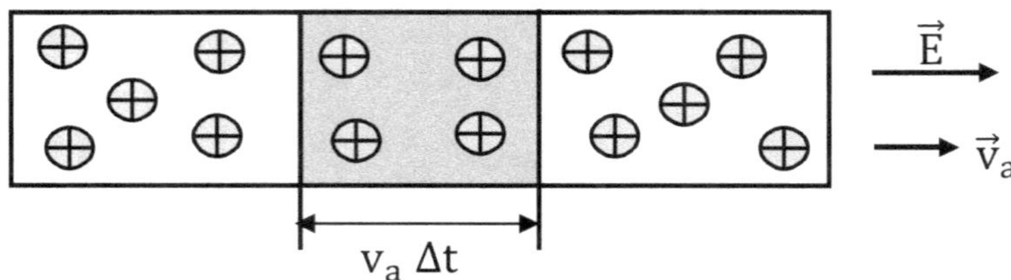

Cuando se somete un conductor a un campo eléctrico, se produce dentro del mismo un flujo de cargas eléctricas. Se trata de cargas libres (electrones 1 o 2 por cada átomo) que se mueven como un gas a través de un material poroso. La velocidad promedio de las cargas es baja y se denomina velocidad de arrastre.

$$V_a \approx 10^{-4} \; \frac{m}{S}$$

Se define la corriente eléctrica como la cantidad de carga que atraviesa una sección del conductor en la unidad de tiempo.

$$I = \frac{\Delta Q}{\Delta t} \quad A \qquad \text{ó} \qquad I = \frac{dQ}{dt} \quad A \qquad \frac{C}{S} = \text{Amperio} \quad A$$

Si se toma el sector sombreado del gráfico, todas las cargas que se encuentran en dicho volumen atraviesan la sección S al cabo de un tiempo Δt, por lo tanto:

$\Delta Q = n \, q \, S \, \Delta x \qquad$ Siendo n la cantidad de cargas libres por unidad de volumen

$\Delta Q = n \, q \, S \, v_a \, \Delta t \qquad$ Reemplazando

$$I = n \, q \, S \, v_a \quad A \qquad \text{ó} \qquad I = \sum n \, q \, S \, v_a \quad A$$

Si bien es común hablar del sentido de la corriente se debe tener en cuenta que la misma es una magnitud escalar.

TEORIA DE LA CORRIENTE

En un material conductor sin aplicación de un campo eléctrico $\vec{E}$ los electrones libres se mueven aleatoriamente dentro del material chocando elásticamente contra los átomos de la red cristalina a través de trayectorias lineales entre choque y choque y retornando a su posición original luego de algunos eventos. Cuando aparece un campo eléctrico $\vec{E}$ las trayectorias entre choque y choque se curvan dando como resultado un movimiento de los electrones en sentido contrario a $\vec{E}$.

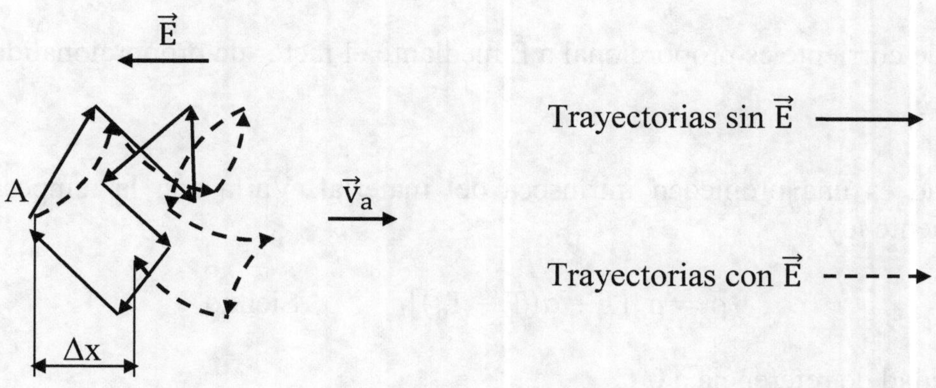

DENSIDAD DE CORRIENTE ELECTRICA

Se define la densidad de corriente eléctrica como la corriente por unidad de área, es decir:

$$\vec{J} = \frac{I}{S} \quad \frac{A}{m^2} \quad \Longrightarrow \quad \vec{J} = \sum n \, q \, v_a \quad \frac{A}{m^2} \qquad \text{Esta si es una magnitud vectorial}$$

LEY DE OHM

Se define la ley de Ohm puntual o vectorial como:

$$\vec{J} = \sigma.\vec{E} \qquad \text{Siendo} \quad \sigma = \frac{1}{\Omega\,m} \qquad \text{Conductividad eléctrica del material}$$

$$\vec{J} = \frac{\vec{E}}{\rho} \qquad \text{Siendo} \quad \rho = \Omega\,m \quad \text{ó} \quad \rho = \frac{\Omega\,mm^2}{m} \quad \text{Resistividad eléctrica del material}$$

La densidad de corriente es proporcional a $\vec{E}$ mediante el factor de proporcionalidad σ ó $\frac{1}{\rho}$

La resistividad es una propiedad intrínseca del material. Varía con la temperatura según la siguiente ley:

$$\rho = \rho_o[1 + \alpha(T - T_o)] \qquad \text{Siendo}$$

ρ_o : Resistividad de referencia a 0°C
T_o : Temperatura de referencia 0°C
α : Coeficiente de variación lineal de ρ con la temperatura $\frac{1}{°C}$

Su validez es para temperaturas comprendidas entre 0 - 300°C aproximadamente
Si ahora se toma una barra de longitud l y sección S y se le aplica una d.d.p. entre sus extremos, circulará por ella una corriente I tal que:

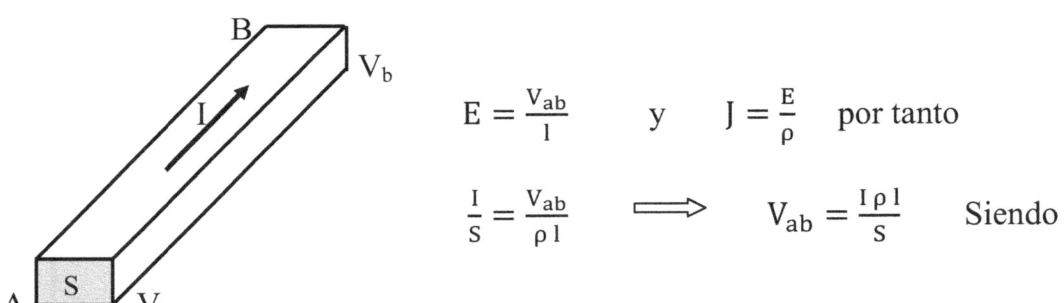

$$E = \frac{V_{ab}}{l} \qquad y \qquad J = \frac{E}{\rho} \qquad \text{por tanto}$$

$$\frac{I}{S} = \frac{V_{ab}}{\rho\,l} \qquad \Longrightarrow \qquad V_{ab} = \frac{I\,\rho\,l}{S} \qquad \text{Siendo}$$

$$R = \frac{\rho\,l}{S}\ \Omega \qquad \text{Resistencia del conductor (propiedad intrínseca del conductor).}$$

Símbolo de una resistencia

Luego se tiene:

$$V = I\,R \qquad V \qquad \text{Ley de Ohm}$$

La caída de potencial V en un conductor por el que circula una corriente I es igual al producto de la corriente por la resistencia eléctrica R del conductor.

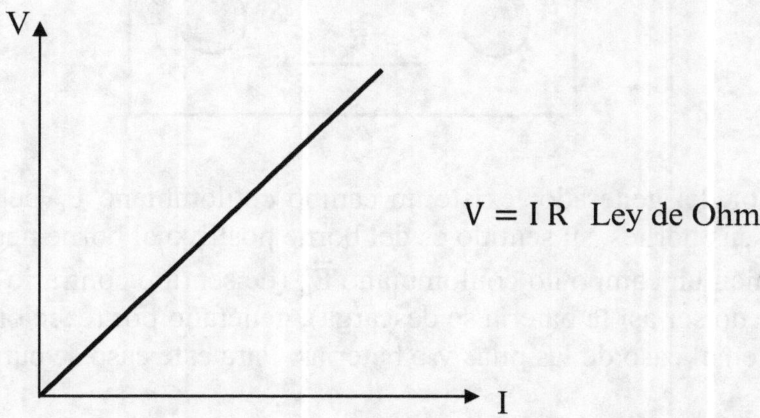

Como la resistencia eléctrica es proporcional a la resistividad del material, también varía con la temperatura siguiendo una ley similar.

$$R = R_o[1 + \alpha(T - T_o)] \qquad \text{Siendo}$$

R_o : Resistencia eléctrica de referencia a 0°C
T_o : Temperatura de referencia 0°C
α : Coeficiente de variación lineal de ρ con la temperatura $\frac{1}{°C}$

FUERZA ELECTROMOTRIZ

Si se analiza el comportamiento de un generador de energía (Pila, Batería, etc.) a circuito abierto como el esquematizado, se tiene que:

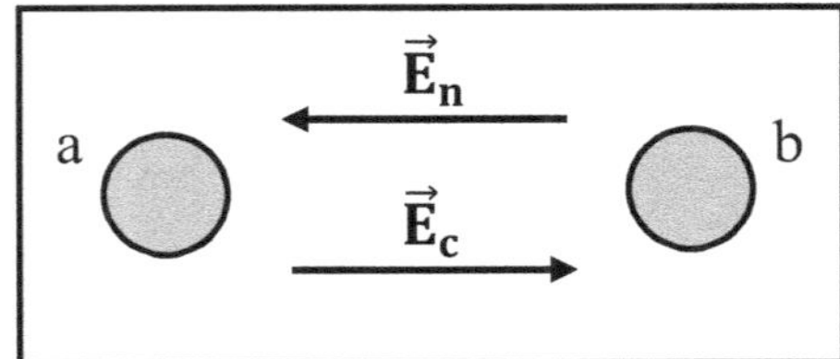

En el interior del generador existe un campo coulombiano $\vec{E}_c$ debido a la d.d.p. que existe entre sus bornes, su sentido es del borne positivo al borne negativo.

Existe también un campo no coulombiano $\vec{E}_n$ (de sentido contrario) que contrarresta al primero (de no ser así la batería se descarga), generado por reacciones químicas dentro del mismo, en el caso de las pilas y/o baterías. Para este caso se cumple que:

$$\vec{E}_c + \vec{E}_n = 0$$

Se definió en su momento la d.d.p. como un trabajo por unidad de carga del campo $\vec{E}_c$

$$V_{ab} = \int_a^b \vec{E}_c . d\vec{l} \quad V$$

Se define ahora la fem (fuerza electromotriz) ε del generador como un trabajo por unidad de carga del campo $\vec{E}_n$

$$\varepsilon = \int_b^a \vec{E}_n . d\vec{l} \quad V$$

En estas condiciones, es decir a circuito abierto se tiene que $V_{ab} = \varepsilon$
La fem también se mide en voltios.

Si ahora se cierra el circuito a través de una carga eléctrica, comienza a circular corriente por el mismo, incluso por dentro del generador.

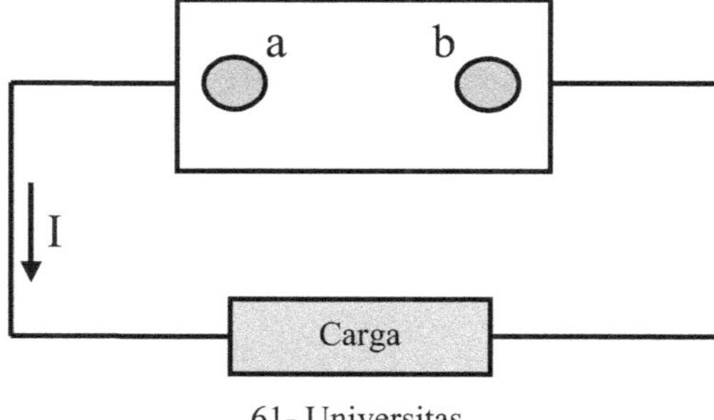

Debido al flujo de cargas eléctricas, V_{ab} disminuye y por lo tanto también $\vec{E}_c$, en estas condiciones se tiene que:

$$\vec{E}_n > \vec{E}_c$$

Esa diferencia entre los dos campos es la responsable de hacer circular las cargas eléctricas dentro del generador.

La d.d.p. V_{ab} entre los bornes del generador disminuye por efecto de la caída de potencial que se produce dentro del generador debido a la resistencia interna del mismo. Ahora se puede poner que:

$$V_{ab} = \varepsilon - I\, r_i$$

Siendo r_i la resistencia interna del generador.

En el circuito externo se cumple la ley de Ohm, es decir:

$$I = \frac{V_{ab}}{R} \quad \Longrightarrow \quad I = \frac{\varepsilon - I\, r_i}{R} \qquad \text{por lo tanto, despejando}$$

$$I = \frac{\varepsilon}{R + r_i} \quad A \qquad \text{Ley de Ohm Generalizada}$$

Si se analiza lo que ocurre en la carga externa del circuito, se ve que el trabajo para trasladar una carga eléctrica a través de la misma es:

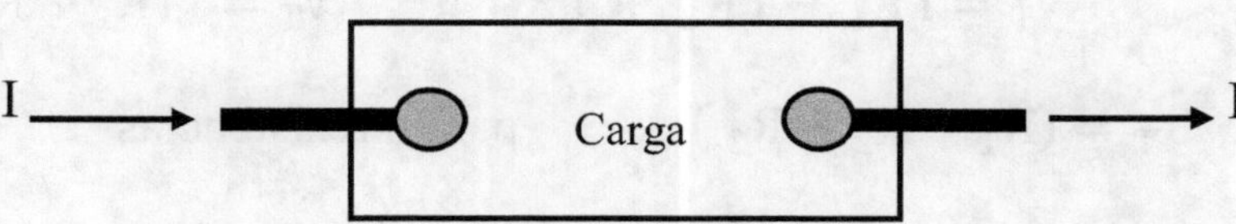

$\Delta W = \Delta Q\, V_{ab}$ pero se sabe que $\Delta Q = I\, \Delta t$ por lo tanto

$$\Delta W = I \, \Delta t \, V_{ab} \quad J$$

Como se conoce que el trabajo por unidad de tiempo es la potencia desarrollada, es decir.

$$P = \frac{\Delta W}{\Delta t} \quad W \qquad \text{por lo tanto} \qquad P = I \, V_{ab} \quad W$$

Si la carga externa es una resistencia pura, entonces por ley de Ohm $V_{ab} = I\,R$ por lo tanto:

$$P = I^2 R \quad W$$

La potencia eléctrica se transforma en calor – Efecto Joule.

CONEXION DE RESISTENCIAS

A veces en los diseños de circuitos eléctricos es necesario incorporar valores de resistencias diferentes a los normalizados, surge así la necesidad de realizar combinaciones de resistencias standares para lograr el valor deseado.

CONEXION EN SERIE

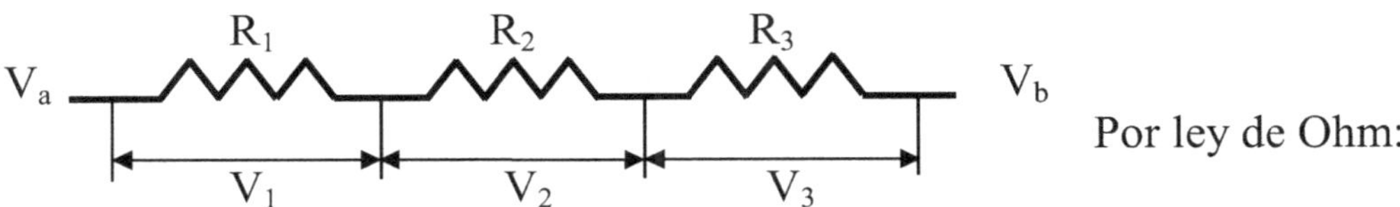

$$V_1 = I \, R_1 \qquad V_2 = I \, R_2 \qquad V_3 = I \, R_3 \qquad \text{Como:}$$

$$V_T = V_1 + V_2 + V_3 \qquad V_T = I \, R_1 + I \, R_2 + I \, R_3 \qquad V_T = I \, (R_1 + R_2 + R_3)$$

$$V_T = I \, R_T \implies R_T = (R_1 + R_2 + R_3) \qquad \text{para n resistencias}$$

$$R_T = \sum_{i=1}^{n} R_i$$

La resistencia total es igual a la suma de las resistencias parciales

CONEXION EN PARALELO

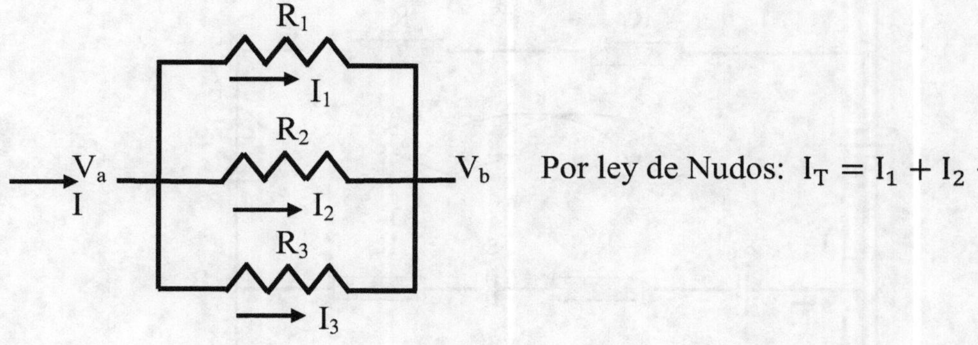

Por ley de Nudos: $I_T = I_1 + I_2 + I_3$

Por ley de Ohm:

$$V_T = I_1\,R_1 \qquad\qquad V_T = I_2\,R_2 \qquad\qquad V_T = I_3 R_3 \qquad \text{Como:}$$

$$V_T = V_1 = V_2 = V_3 \qquad I_T = \frac{V_T}{R_1} + \frac{V_T}{R_2} + \frac{V_T}{R_3} \qquad I_T = V_T\left(\frac{1}{R_1} + \frac{1}{R_2} + \frac{1}{R_3}\right) \quad \text{como}$$

$$I_T = \frac{V_T}{R_T} \qquad \text{por lo tanto} \qquad \frac{1}{R_T} = \left(\frac{1}{R_1} + \frac{1}{R_2} + \frac{1}{R_3}\right) \qquad \text{para n resistencias}$$

$$\frac{1}{R_T} = \sum_{i=1}^{n} \frac{1}{R_i}$$

La inversa de la resistencia total es igual a la suma de las inversas de las resistencias parciales.

LEYES DE KIRCHHOFF (Mallas y Nudos)

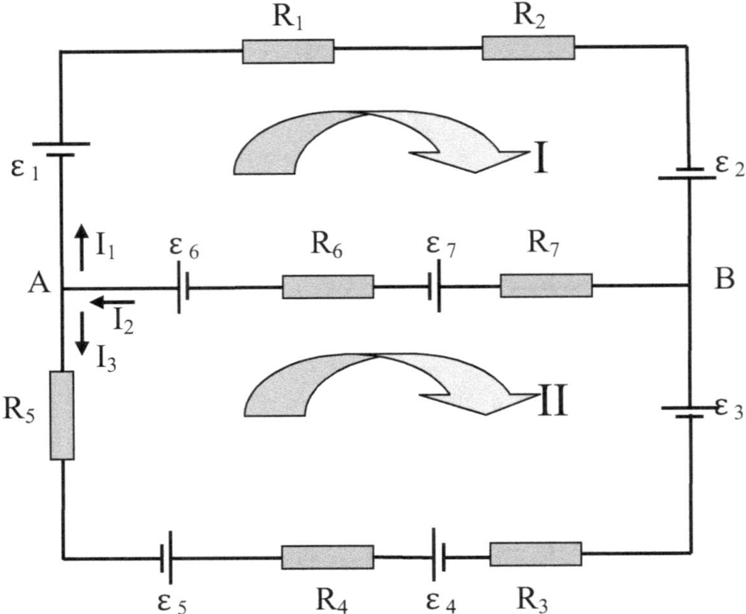

Nudo: Todo punto del circuito donde confluyen 3 o más conductores.

Rama: Tramo de circuito comprendido entre dos nudos.

Malla: Todo circuito cerrado dentro de la red que parte de un nudo y
llega al mismo nudo.

Ley de los Nudos:
En todo nudo la suma de las corrientes que llegan al mismo es igual a la suma de las
corrientes que salen, (principio de conservación de las cargas).

$$I_1 + I_2 = I_3 + I_4 + I_5$$

$$\sum_{i=1}^{n} I_i = 0$$

Ley de las Mallas:

En toda malla la sumatoria de las f.e.m. es igual a la sumatoria de las caídas de potencial en las resistencias.

$$\sum_{i=1}^{n} \varepsilon_i = \sum_{i=1}^{n} I_i R_i$$

Para resolver el circuito se plantea el sistema de ecuaciones (tantas como corrientes se tengan que son las incógnitas). Se pueden plantear n-1 ecuaciones de nudos (siendo n la cantidad de nudos).

Se suponen sentidos arbitrarios a las corrientes, si luego de resolver el sistema de ecuaciones alguna resulta negativa, el valor es correcto pero se debe invertir su sentido.

También el sentido de circuitación de las mallas puede ser cualquiera, solo que una vez elegido se debe respetar el mismo en todas las mallas.

En este ejemplo se plantea el sistema de ecuaciones eligiendo sentido de circuitación horario para las mallas.

$-I_1 \qquad +I_2 \qquad -I_3 \qquad : 0$

$+I_1 (R_1+R_2) \quad +I_2 (R_7+R_6) \quad 0 \qquad : \varepsilon_1 + \varepsilon_2 - \varepsilon_7 + \varepsilon_6$

$0 \qquad -I_2 (R_7+R_6) \quad -I_3 (R_3+R_4+R_5) : -\varepsilon_6 + \varepsilon_7 - \varepsilon_3 + \varepsilon_4 - \varepsilon_5$

INSTRUMENTOS DE MEDICION

Amperímetro

Este instrumento permite medir una corriente dentro de un circuito eléctrico, para ello se conecta en serie con la parte del circuito a medir.

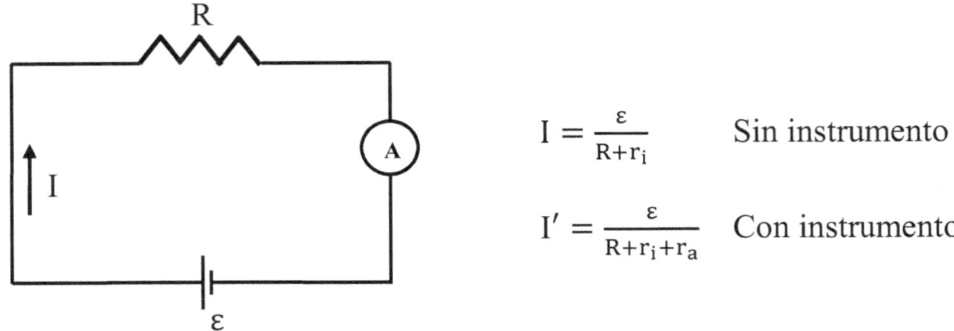

$$I = \frac{\varepsilon}{R+r_i} \qquad \text{Sin instrumento}$$

$$I' = \frac{\varepsilon}{R+r_i+r_a} \qquad \text{Con instrumento}$$

Como se puede apreciar al conectar el amperímetro se introduce una resistencia en serie (r_a resistencia interna del amperímetro), por ello estos instrumentos deben tener r_a muy pequeña para no distorsionar la medición.

A veces los valores a medir superan el fondo de escala del instrumento, en este caso se puede ampliar la escala del mismo conectando una resistencia R_{sh} en paralelo a saber:

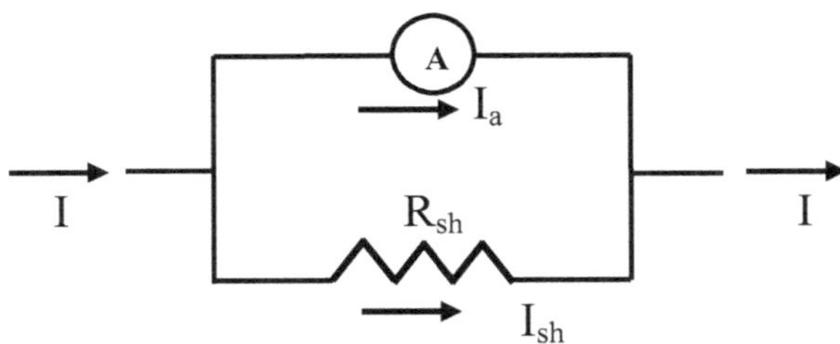

$$I = n\,I_a \qquad I_{sh} = I - I_a \qquad I_{sh} = I - \frac{I}{n} \qquad \text{donde:}$$

I_a : Fondo de escala del amperímetro.
I_{sh} : Corriente derivada en el shunt del instrumento.
I : Nuevo valor de fondo de escala del instrumento.
n : Factor de amplificación.

Como $\quad I_a\, r_a = I_{sh}\, R_{sh} \qquad \frac{I}{n}\, r_a = \left(\frac{n-1}{n}\right) I\, R_{sh} \qquad$ luego

$$R_{sh} = \frac{r_a}{n-1}$$

Voltímetro

Este instrumento permite medir una d.d.p. entre dos puntos de un circuito eléctrico, para ello se conecta en paralelo con la parte del circuito a medir.

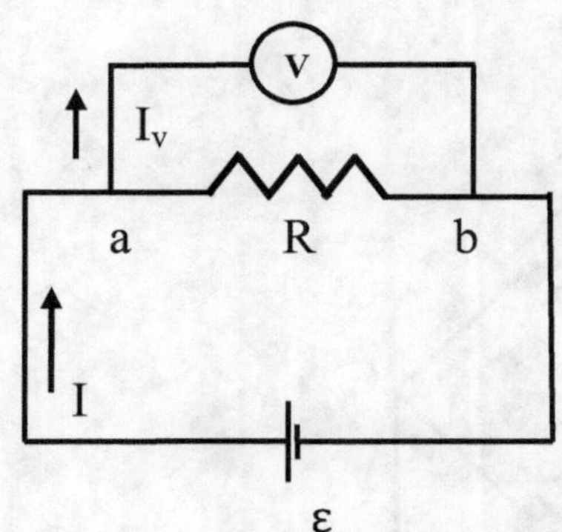

$$I = \frac{\varepsilon}{R+r_i} \qquad \text{Sin Instrumento}$$

$$V_{ab} = I\,R$$

$$I' = \frac{\varepsilon}{r_i + \left(\frac{R\,r_v}{R+r_v}\right)} \qquad \text{Con Instrumento}$$

$$V'_{ab} = (I' - I_v)\,R$$

Como se puede apreciar al conectar el voltímetro se introduce una resistencia en paralelo (r_v resistencia interna del voltímetro), por ello estos instrumentos deben tener r_v muy grande para no distorsionar la medición.

A veces los valores a medir superan el fondo de escala del instrumento, en este caso se puede ampliar la escala del mismo conectando una resistencia R_s en serie a saber:

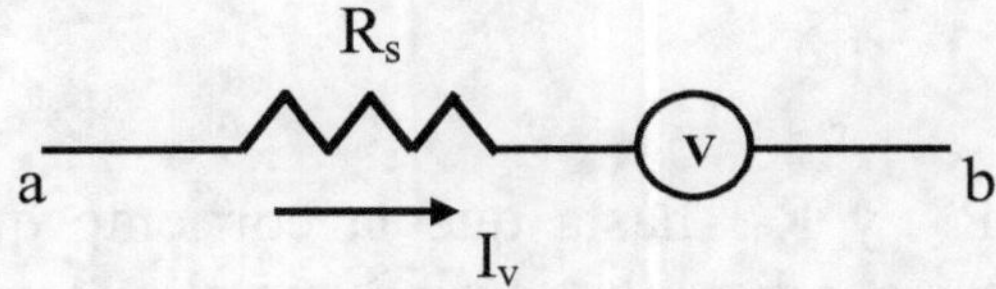

$$V_{ab} = n\,V \qquad \text{donde}$$

V : Fondo de escala del voltímetro.
V_{ab} : Nuevo valor de fondo de escala del instrumento.
n : Factor de amplificación.

$$V_{ab} = n\,V \qquad\qquad V_{ab} = V_s + V \qquad\qquad V = I_v\,r_v$$

$$n\,V = I_v\,R_s + I_v\,r_v \qquad\qquad n\,I_v\,r_v = I_v\,R_s + I_v\,r_v \qquad\qquad \text{luego}$$

$$R_s = (n - 1)\,r_v$$

Puente de Weasthone

Este instrumento permite medir una resistencia desconocida con un alto grado de precisión. Se vale de tres resistencias variables de valores conocidos.

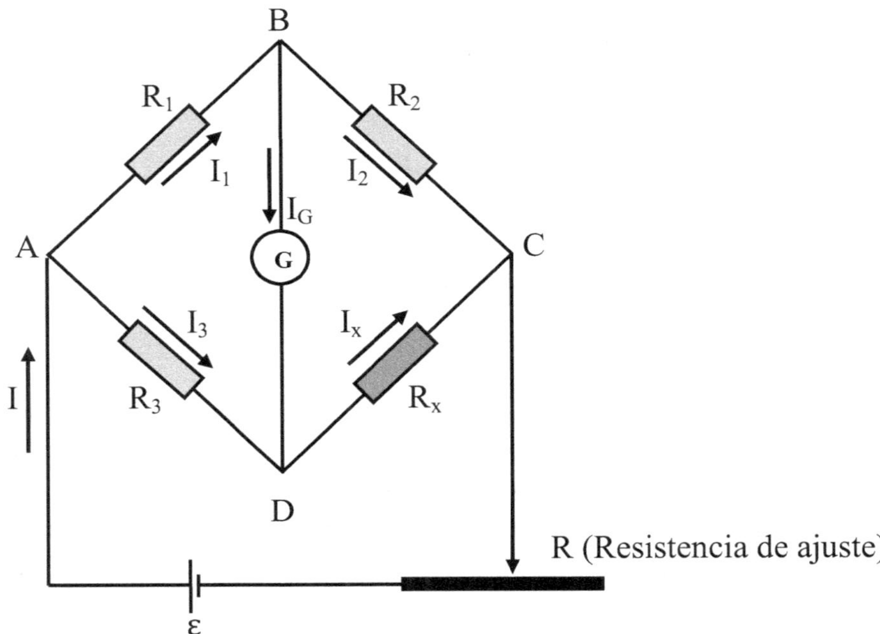

Se varían las resistencias R_1 ; R_2 y R_3 hasta que la corriente que circula por el galvanómetro I_G se anule. En estas condiciones se dice que el puente está equilibrado y se cumple que:

$$I_G = 0 \qquad I_1 = I_2 \qquad I_3 = I_x \qquad V_B = V_D \quad \text{es decir} \quad V_{BD} = 0$$

por lo tanto se puede poner que:

$$V_{AB} = V_{AD} \quad y \quad V_{BC} = V_{DC} \quad \text{es decir} \quad I_1 R_1 = I_3 R_3 \quad y \quad I_2 R_2 = I_x R_x$$

Dividiendo miembro a miembro ambas expresiones y simplificando:

$$\frac{R_1}{R_2} = \frac{R_3}{R_x} \qquad \text{luego}$$

$$R_x = \frac{R_2\, R_3}{R_1}$$

Puente Potenciométrico

Este instrumento permite medir una f.e.m. o una d.d.p. desconocida con un alto grado de precisión. Se vale de una resistencia variable R y de una pila patrón de gran precisión y estabilidad.

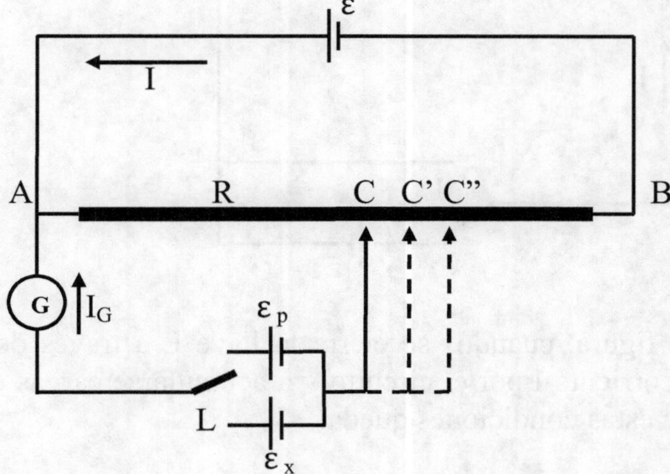

Se varía la llave L y se conecta la pila patrón ε_p. La ecuación de la malla inferior es:

$$\varepsilon_p = (I + I_G)R_{AC} + I_G r_p + I_G r_G$$

Luego se varía el cursor de la resistencia hasta que la corriente que circula por el galvanómetro se anule $I_G = 0$, punto C', en este caso se dice que el puente está equilibrado y la ecuación se simplifica.

$$I_G = 0 \qquad \varepsilon_p = I\,R_{AC'} \qquad 1$$

Se varía la llave L y se conecta la pila incógnita ε_x. La ecuación de la malla inferior es:

$$\varepsilon_x = (I + I_G)R_{AC} + I_G r_x + I_G r_G$$

Luego se varía el cursor de la resistencia hasta que la corriente que circula por el galvanómetro se anule $I_G = 0$, punto C", en este caso se dice que el puente está equilibrado y la ecuación se simplifica.

$$I_G = 0 \qquad \varepsilon_x = I\,R_{AC"} \qquad 2$$

Dividiendo miembro a miembro 1 y 2 y simplificando: $\quad \dfrac{\varepsilon_x}{\varepsilon_p} = \dfrac{R_{AC"}}{R_{AC'}} \quad$ luego:

$$\varepsilon_x = \varepsilon_p \, \frac{R_{AC"}}{R_{AC'}}$$

TRANSITORIO DE CARGA DE UN CAPACITOR

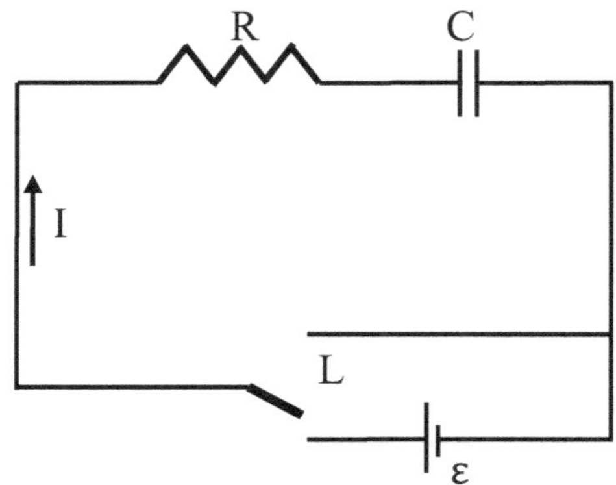

En el circuito R-C de la figura, cuando se cierra la llave L a través de la fuente ε comienza a circular una corriente I por el circuito y a acumularse cargas en las placas del capacitor. La malla en estas condiciones queda:

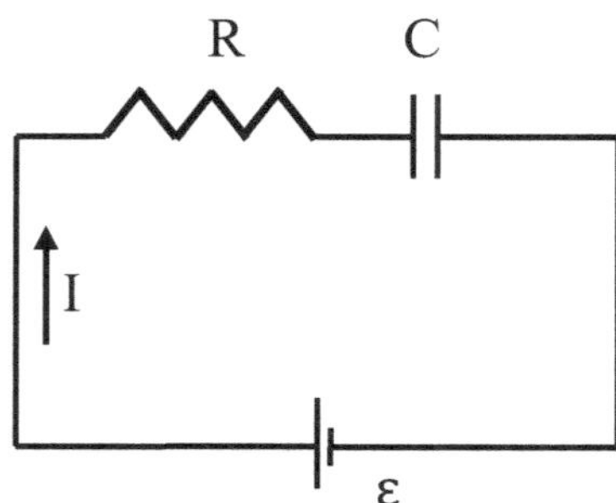

En el instante inicial: $t = 0$ $q = 0$ $I_o = \dfrac{\varepsilon}{R}$

Para un tiempo infinito: $t = \infty$ $q = \varepsilon\,C$ $I = 0$

Para un instante cualquiera entre $t = 0$ y $t = \infty$ se cumple que:

$$i\,R + \dfrac{q}{C} = \varepsilon \qquad\qquad como \qquad\qquad i = \dfrac{dq}{dt} \qquad\qquad \dfrac{dq}{dt}R + \dfrac{q}{C} = \varepsilon$$

Multiplicando m.a.m por C

$$RC\,\dfrac{dq}{dt} + q = \varepsilon\,C \qquad\qquad ó \qquad\qquad -RC\,\dfrac{dq}{dt} = q - \varepsilon C$$

$$\dfrac{dq}{q-\varepsilon C} = -\,\dfrac{dt}{RC} \qquad\qquad integrando$$

$$\int_0^q \frac{dq}{q-\varepsilon C} = \int_0^t -\frac{dt}{RC} \qquad \text{resolviendo}$$

$$[\ln(q-\varepsilon C)]_0^q = -\frac{t}{RC} \qquad \Longrightarrow \qquad \ln(q-\varepsilon C) - \ln(-\varepsilon C) = -\frac{t}{RC}$$

$$\ln\frac{(q-\varepsilon C)}{-\varepsilon C} = -\frac{t}{RC} \qquad \text{Sacando antilogaritmo}$$

$$q - \varepsilon C = -\varepsilon C\, e^{-\frac{t}{RC}} \qquad \text{Despejando}$$

$$q = \varepsilon C \left(1 - e^{-\frac{t}{RC}}\right)$$

$\tau = RC$ Constante de tiempo del circuito

Al cabo del tiempo $\tau = RC$ el capacitor alcanza el 63% de la carga máxima.

Si se deriva la ecuación anterior con respecto al tiempo se tiene la expresión de la variación de la corriente, es decir:

$$i = \frac{\varepsilon}{R}\, e^{-\frac{t}{RC}}$$

$\tau = RC$ Constante de tiempo del circuito.

Al cabo del tiempo $\tau = RC$ La corriente disminuye al 37% de su valor inicial.

En los gráficos se puede apreciar la variación de la carga y la corriente en función del tiempo durante el periodo transitorio.

Diagramas de Carga del Capacitor

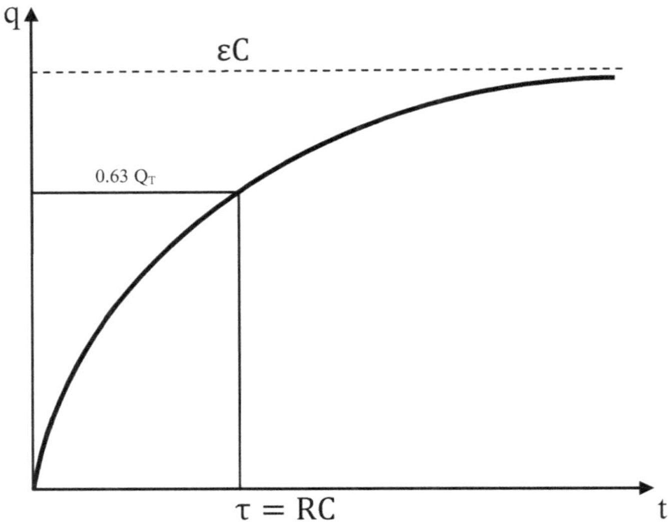

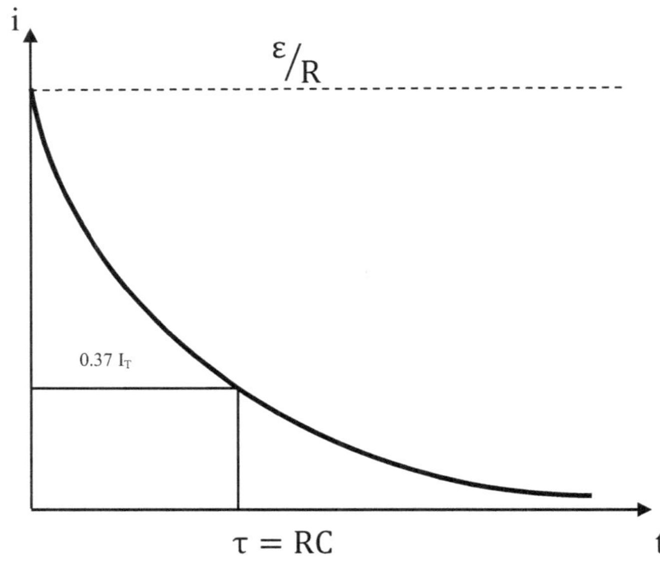

TRANSITORIO DE DESCARGA DE UN CAPACITOR

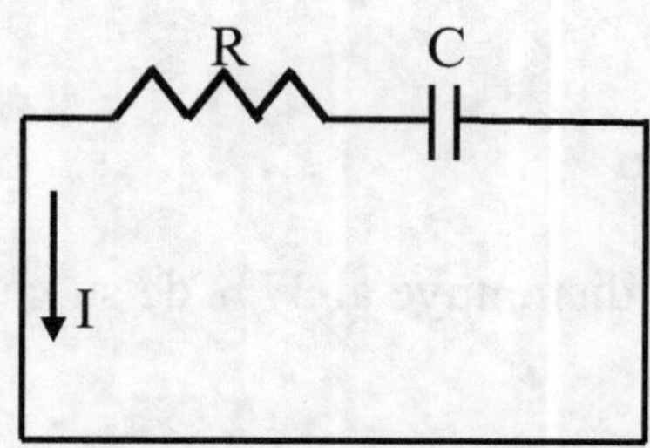

Una vez cargado el capacitor se conmuta la llave L y comienza a descargarse a través de R. La malla en estas condiciones queda de la siguiente forma y como la corriente circula ahora en sentido contrario al del proceso de carga, se tiene que:

$$\frac{q}{C} - i\,R = 0 \qquad \text{y como} \qquad i = -\frac{dq}{dt}$$

$$\frac{q}{C} - \left(-\frac{dq}{dt}\right) R = 0$$

$$\frac{q}{C} + \frac{dq}{dt}\,R = 0 \qquad \text{ó} \qquad \frac{dq}{dt} = -\frac{q}{RC}$$

$$\frac{dq}{q} = -\frac{dt}{RC} \qquad \text{Integrando}$$

$$\int_{\varepsilon C}^{q} \frac{dq}{q} = \int_{0}^{t} -\frac{dt}{RC} \qquad \text{resolviendo}$$

$$\ln\frac{q}{\varepsilon C} = -\frac{t}{RC} \qquad \text{Sacando antilogaritmo}$$

$$\frac{q}{\varepsilon C} = e^{-\frac{t}{RC}} \qquad \text{por lo tanto}$$

$$q = \varepsilon C\, e^{-\frac{t}{RC}}$$

$\tau = RC$ Constante de tiempo del circuito

Al cabo del tiempo $\tau = RC$ el capacitor alcanza el 37% de la carga máxima.

Si se deriva la ecuación anterior con respecto al tiempo se tiene la expresión de la variación de la corriente.

$$i = \frac{\varepsilon}{R}\, e^{-\frac{t}{RC}}$$

$\tau = RC$ Constante de tiempo del circuito

Al cabo del tiempo $\tau = RC$ la corriente disminuye al 37% de su valor inicial.

Diagramas de Descarga del Capacitor

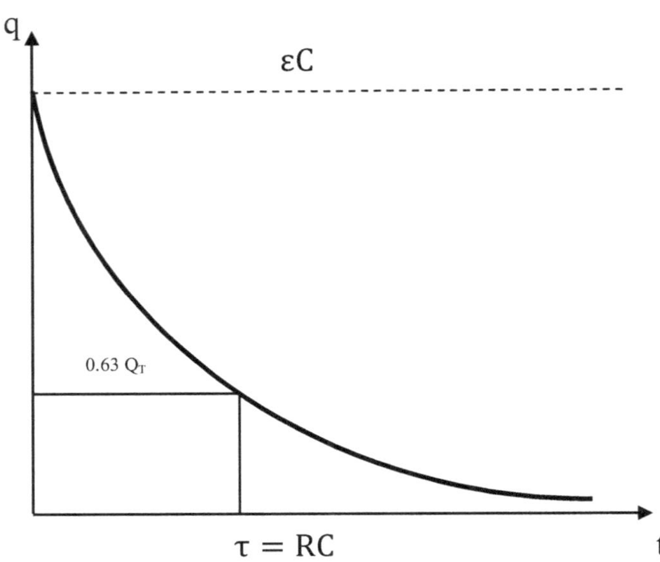

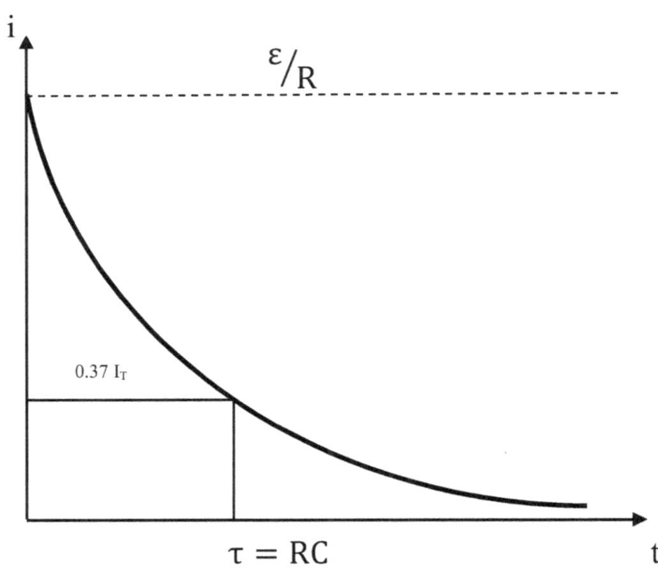

CAMPO MAGNETICO

MAGNETISMO

El termino magnetismo viene desde la antigüedad, en la antigua ciudad de Magnesia (Asia Menor), existían minas de un mineral llamado magnetita que tenia la propiedad de atraer al hierro. Hoy se sabe que las fuentes para generar campos magnéticos pueden ser varias:

Imanes permanentes (naturales como la magnetita o artificiales).
Corrientes eléctricas en conductores.
Cargas eléctricas en movimiento.
Campos eléctricos variables en el tiempo.

Definiremos un campo magnético de la misma manera que lo hicimos con un campo eléctrico, es decir a partir de la fuerza que él ejerce sobre una carga.

Se sabe que la fuerza eléctrica generada por $\vec{E}$ sobre una carga puntual q es:

$$\vec{F}_e = q\,\vec{E}$$

Sin embargo la experiencia muestra que existen otras fuerzas que pueden actuar sobre q y que dependen de un modo especial de la velocidad de la carga. Estas fuerzas se atribuyen a una nueva entidad, un campo magnético $\vec{B}$. Se trata de una magnitud vectorial y se lo define de la siguiente manera:

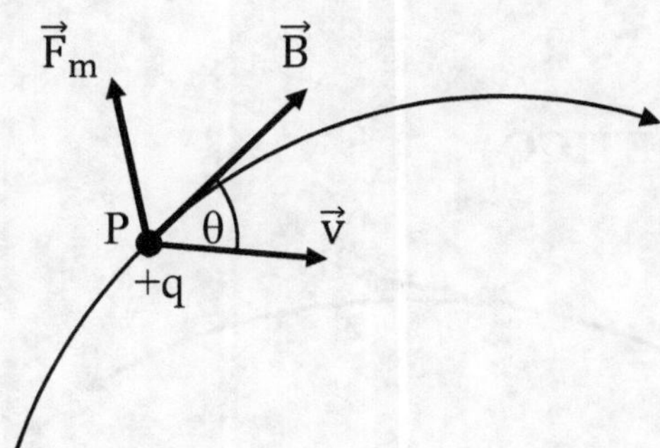

$\vec{B}$: Campo magnético
$\vec{F}_m$: Fuerza de origen magnético
$\vec{v}$: Velocidad de la partícula
θ : Angulo comprendido entre $\vec{B}$ y $\vec{v}$

Se puede decir que en el punto P existe un campo magnético $\vec{B}$, si sobre una carga q en movimiento, animado con una velocidad $\vec{v}$ aparece una fuerza $\vec{F}_m$ cuya dirección es perpendicular al plano formado por $\vec{B}$ y $\vec{v}$, su sentido esta dado por la regla de la mano izquierda y su módulo está dado por la siguiente expresión:

$F_m = q\,v\,B\,\sin\theta$ con lo cual se puede expresar que

$\vec{F}_m = q\,\vec{v} \times \vec{B}$ (producto vectorial de dos vectores) por lo tanto

$$B = \frac{F_m}{q\,v\,\sin\theta} \qquad T$$

La unidad de $\vec{B}$ es el Tesla $1T = 10^4\,G$

Existen algunas excepciones, por ejemplo, si la partícula cargada q se desplaza por la línea de campo $\vec{B}$, entonces el ángulo θ es cero y en ese caso $\vec{F}_m$ es nula, sin embargo hay campo $\vec{B}$ en el punto P.
Con una carga en movimiento es posible detectar la presencia de un campo $\vec{B}$.

Regla de la Mano Izquierda
Las líneas de campo $\vec{B}$ entran por la palma de la mano, los dedos siguen a la velocidad de la carga $\vec{v}$ y el pulgar da el sentido de la fuerza $\vec{F}_m$. Si la carga es negativa el sentido de la fuerza es opuesto.

LINEAS DE CAMPO MAGNETICO

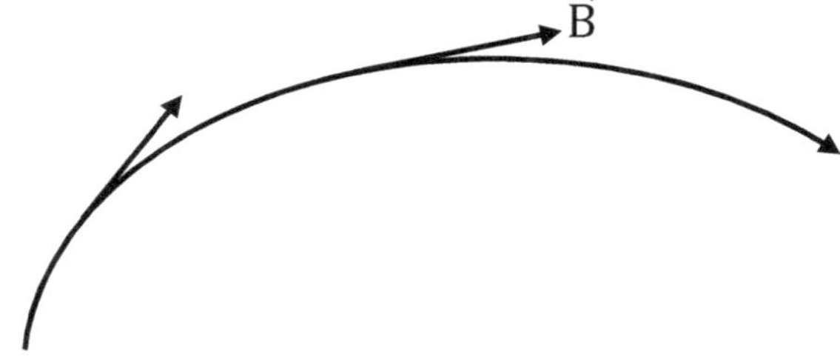

Al igual que los campos eléctricos es práctico presentar los campos magnéticos a través de líneas de campo, que muestran su forma e intensidad en forma cualitativa. Se trata de líneas imaginarias en la que en todos sus puntos el campo magnético es tangente a las mismas.

Las líneas de campo nunca se cortan entre si (el campo $\vec{B}$ es único en cada punto).
Son líneas cerradas.

A medida que se analicen los distintos campos generados por diversas configuraciones de corrientes se verá como es la configuración de líneas para cada caso.

FLUJO DE CAMPO MAGNETICO

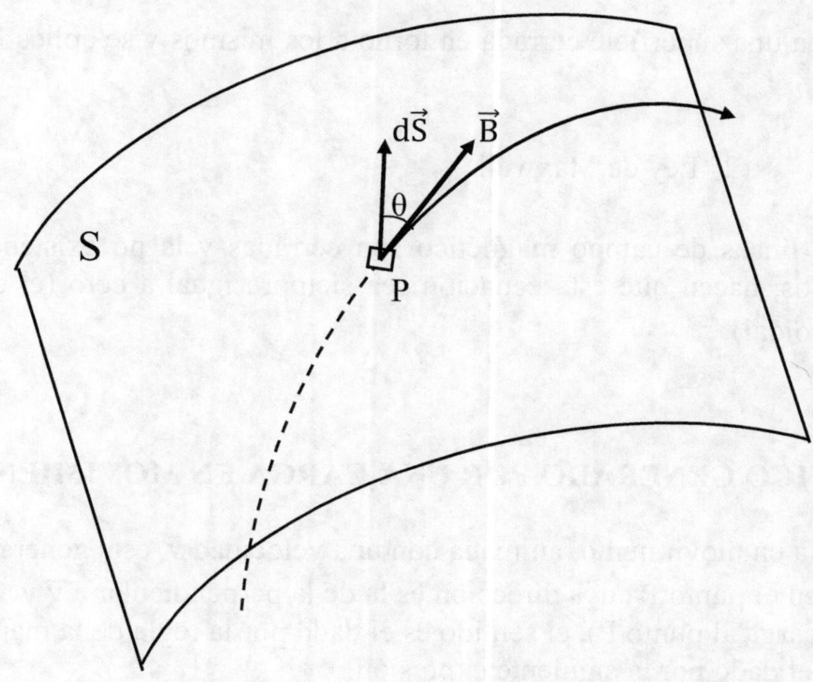

Sea una superficie S inmersa en un campo magnético $\vec{B}$. En un punto P de la misma se toma una superficie elemental dS. El vector $d\vec{S}$ es perpendicular a dicha superficie y su modulo representa el área de la misma, es decir:

$$d\vec{S} = \vec{n}\, dS$$

Se define el flujo del campo $\vec{B}$ a través de la superficie $d\vec{S}$ como:

$$d\varnothing_B = \vec{B}.d\vec{S} \qquad ó \qquad d\varnothing_B = B\, dS \cos\theta \qquad \text{integrando a toda la superficie}$$

$$\varnothing_B = \iint_S \vec{B}.d\vec{S} \qquad ó \qquad \varnothing_B = \iint_S B\, dS \cos\theta \quad Wb \qquad Wb = T\, m^2$$

Si se tiene un imán permanente con su polo norte y sur y se lo corta en dos pates, se obtienen dos nuevos imanes con sus polos norte y sur respectivamente, es decir no es posible aislar un monopolo.

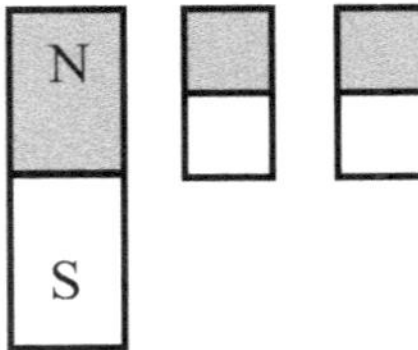

Por lo tanto si se toma una superficie cerrada en torno a los mismos y se aplica la Ley de Gauss, se tiene:

$$\oiint_S \vec{B}.d\vec{S} = 0 \qquad \text{(2° Ley de Maxwell)}$$

El hecho de que las líneas de campo magnético son cerradas y la no existencia de monopolos magnéticos, hacen que esta ecuación sea siempre igual a cero (el campo magnético $\vec{B}$ es solenoidal).

CAMPO MAGNETICO GENERADO POR UNA CARGA EN MOVIMIENTO

Si se tiene una carga q en movimiento, animada con una velocidad $\vec{v}$, esta genera un campo magnético $\vec{B}$ en el punto P cuya dirección es la de la perpendicular a $\vec{v}$ y al radio vector $\vec{r}$ (de la carga al punto P), el sentido es el dado por la regla de la mano derecha y el módulo el dado por la siguiente expresión.

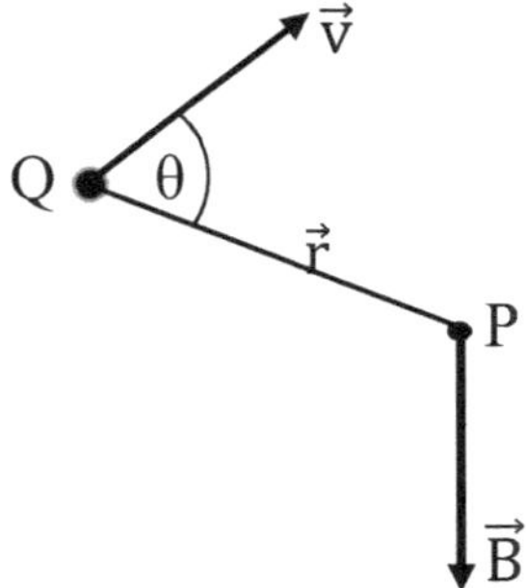

$$B = K \frac{q\, v \sin\theta}{r^2} \quad T$$

Con lo cual se puede expresar que $\vec{B} = K \dfrac{q\,\vec{v}\times\vec{r}}{r^3}$ T

$K = 10^{-7}\ \dfrac{Wb}{A\,m}$ (Coeficiente de proporcionalidad)

También se puede expresar $K = \dfrac{\mu_o}{4\pi}$ siendo

$$\mu_o = 4\pi \times 10^{-7}\ \dfrac{Wb}{A\,m}$$ permeabilidad magnética del vacío

Interesante

Si se relacionan los coeficientes del campo $\vec{E}$ y del campo $\vec{B}$ se tiene:

$\dfrac{K_e}{K_m} = \dfrac{9\times 10^9}{10^{-7}} = 9\times 10^{16}$ o sea c^2

Cuadrado de la velocidad de la luz en el vacío.

CAMPO MAGNETICO GENERADO POR UNA CORRIENTE ELECTRICA

Si se tiene un conductor por el que circula una corriente eléctrica, ello implica que habrá cargas eléctricas en movimiento y como se vio anteriormente estas generan campo magnético, por lo tanto:

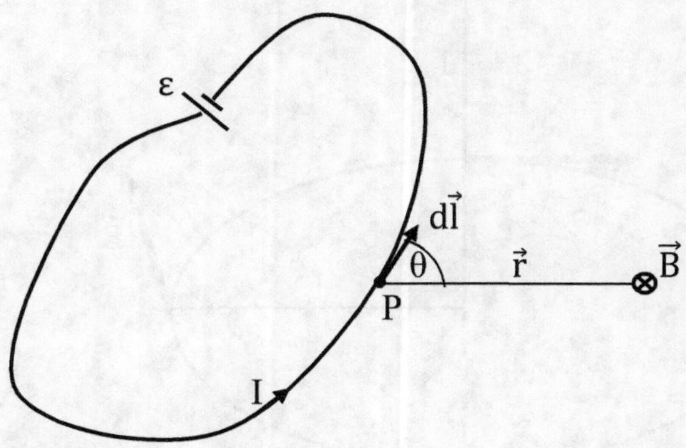

Si se toma un tramo dl de conductor, el mismo contiene una carga dq a saber:

$dq = n\,q\,S\,dl$ donde:

n : número de portadores por unidad de volumen
q : carga de los portadores libres (e⁻ libres)
S : sección del conductor

Sabiendo que :

$$dB = K \, \frac{dq \, v \, \sin\theta}{r^2} \qquad \Longrightarrow \qquad dB = K \, \frac{n \, q \, S \, v \, dl \sin\theta}{r^2} \qquad \text{pero}$$

$$I = n \, q \, S \, v \qquad \text{por lo tanto} \qquad dB = K \, \frac{I \, dl \sin\theta}{r^2} \qquad \text{integrando}$$

$$B = \int_l \; K \frac{I \, dl \sin\theta}{r^2} \qquad \text{Ley de Biot y Savart}$$

La dirección de $\vec{B}$ es la perpendicular al plano formado por $\vec{dl}$ y $\vec{r}$ y el sentido el dado por la regla de la mano derecha.

Regla de la Mano Derecha:
El dedo pulgar sigue a la corriente I y los restantes dedos siguen a las líneas de campo magnético $\vec{B}$.

Oersted fue uno de los primeros físicos en comprobar la relación existente entre corriente eléctrica y campo magnético. Llegó a determinar una proporcionalidad directa para el caso de una corriente que circula por un conductor rectilíneo, aunque no una ley general como la anterior.

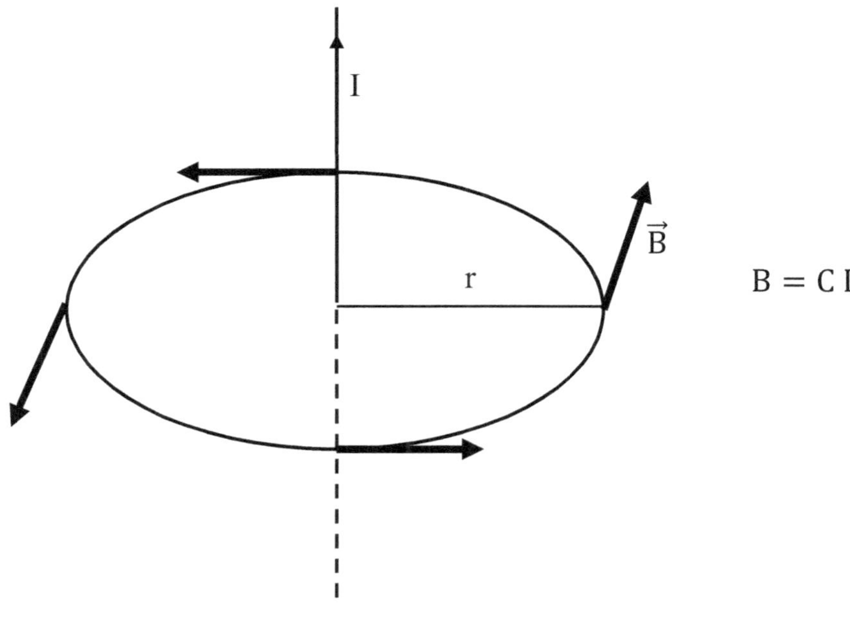

APLICACIONES DE LA LEY DE BIOT Y SAVART

Mediante la aplicación de la ley de Biot y Savart es posible determinar la expresión del campo magnético generado por diversas configuraciones de corrientes a saber:

Campo Magnético Generado por un Conductor Rectilíneo

Sea un conductor rectilíneo por el que circula una corriente I

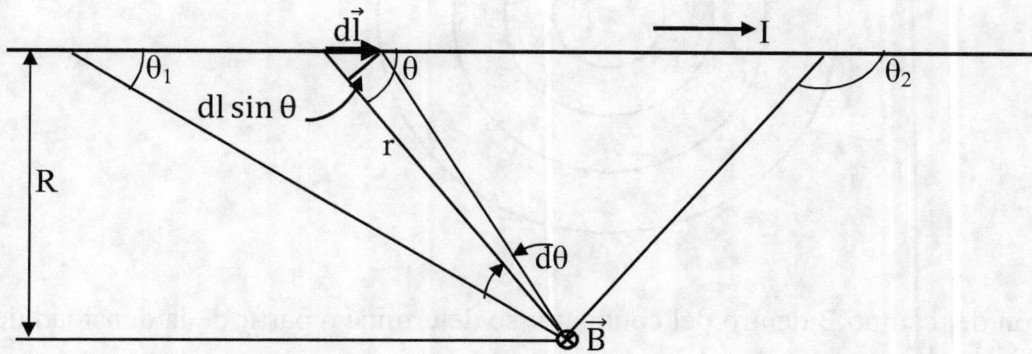

Por ley de Biot y Savart $\quad B = \int_l K\, \dfrac{I\, dl \sin\theta}{r^2}$

Teniendo en cuenta que:

$$dl \sin\theta = r\, d\theta \qquad\Longrightarrow\qquad dl = \frac{r\, d\theta}{\sin\theta} \qquad \text{por otro lado}$$

$$R = r\, \sin\theta \qquad\Longrightarrow\qquad r = \frac{R}{\sin\theta} \qquad \text{reemplazando y operando}$$

$$B = K\, I \int_{\theta_1}^{\theta_2} \frac{\sin\theta\, d\theta}{R} \qquad \text{integrando y reemplazando}$$

$$B = \frac{K\, I}{R}\left(\cos\theta_1 - \cos\theta_2\right)\ T$$

Si se considera al conductor infinitamente largo, entonces:

$$\theta_1 = 0 \quad y \quad \cos\theta_1 = 1 \qquad \theta_2 = \pi \quad y \quad \cos\theta_2 = -1 \qquad \text{luego}$$

$$B = \frac{2K\, I}{R}\ T \qquad ó \qquad B = \frac{\mu_o\, I}{2\pi R}\ T \qquad\qquad 1$$

Las líneas de campo magnético $\vec{B}$ son circunferencias concéntricas al conductor.

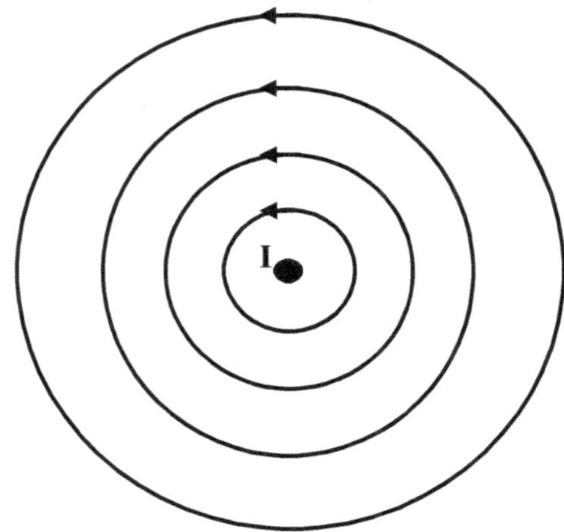

La expresión del campo $\vec{B}$ dentro del conductor se determina a partir de la densidad de corriente. Sabiendo que:

$$J = \frac{I}{S}$$
reemplazando en 1 se tiene
$$B = \frac{\mu_o \, J \, S}{2\pi r_i} \quad T$$
como
$$S = \pi \, r_i^2$$

La expresión del campo $\vec{B}$ en el interior del conductor es:

$$B = \frac{\mu_o \, J \, r_i}{2} \quad T$$

La variación del campo $\vec{B}$ en un conductor rectilíneo en corte (de punta con respecto al plano de la hoja) es:

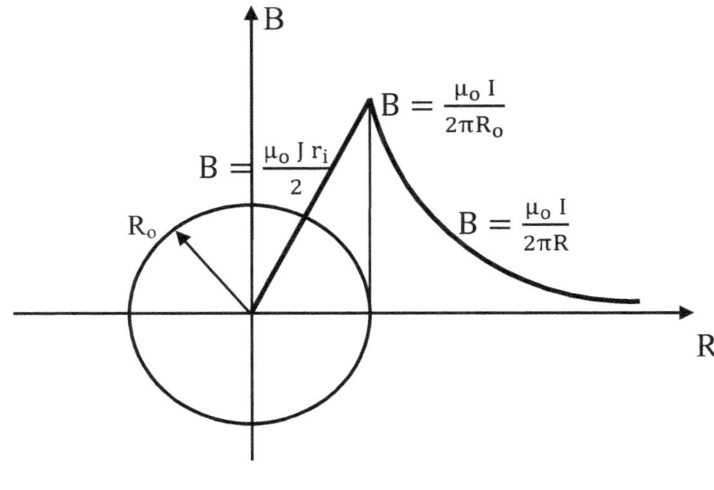

Campo Magnético Generado por una Espira Circular

Sea una espira circular plana (de punta con respecto al plano de la hoja), por la que circula una corriente I. En este caso $d\vec{l}$ está ubicado de punta respecto al plano de la hoja.

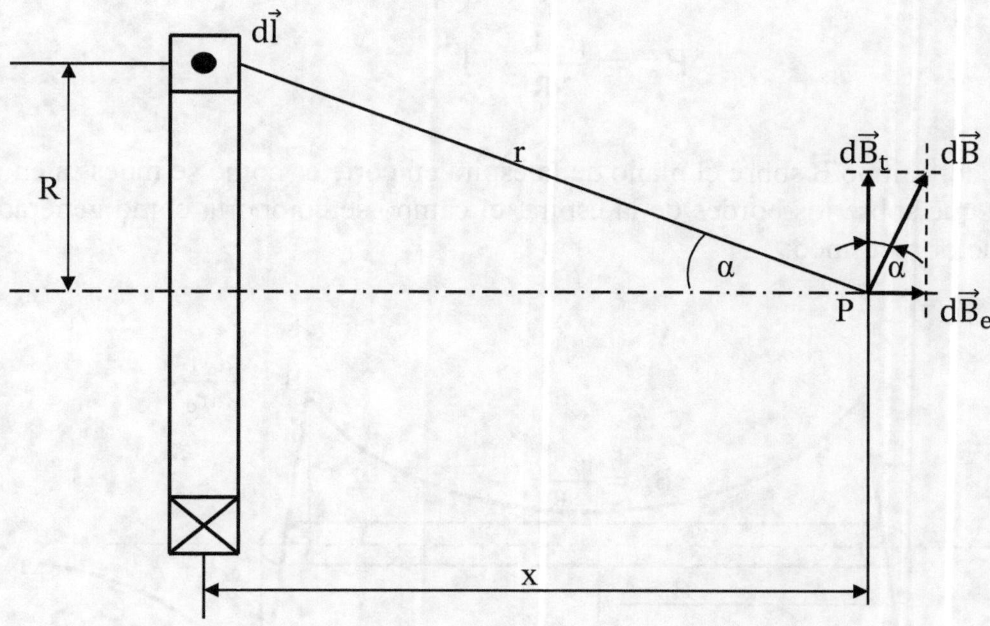

Dos $d\vec{l}$ opuestos sobre la espira, generan $d\vec{B}$ cuyas componentes perpendiculares al eje $d\vec{B}_t$ se anulan entre si, en cambio las componentes sobre el eje $d\vec{B}_e$ se suman dando como resultado el campo sobre el eje de la bobina.

Por ley de Biot y Savart $\quad B = \int_l \; K \dfrac{I\,dl\,\sin\theta}{r^2} \quad$ en este caso

$\theta = \dfrac{\pi}{2} \;$ ángulo comprendido entre $d\vec{l}$ y $\vec{r}$ por lo tanto $\; \sin\theta = 1$ constante a través de toda la circunferencia, luego.

$\int_l \; dl\,\sin\theta = 2\pi R \quad$ por lo tanto $\quad B = \dfrac{K\,I\,2\pi R}{r^2}$

La componente sobre el eje es:

$B_e = B\,\sin\alpha \qquad$ por lo tanto $\qquad B_e = \dfrac{K\,I\,2\pi R\,\sin\alpha}{r^2} \qquad$ teniendo en cuenta que

$r = \sqrt{x^2 + R^2} \qquad \sin\alpha = \dfrac{R}{r} \qquad$ reemplazando y operando

$$B_e = \frac{K\,I\,2\pi R^2}{(x^2+R^2)^{\frac{3}{2}}} \quad T \qquad \acute{o} \qquad B_e = \frac{\mu_0\,I\,R^2}{2\,(x^2+R^2)^{\frac{3}{2}}} \quad T$$

Para determinar el campo sobre el plano de la espira, se debe hacer $x = 0$ luego

$$B_e = \frac{\mu_0\,I}{2\,R} \quad T$$

La variación del campo $\vec{B}$ sobre el plano de la espira en corte es como se muestra en el grafico, note que sobre los bordes de la espira, el campo se comporta como generado por un conductor rectilíneo:

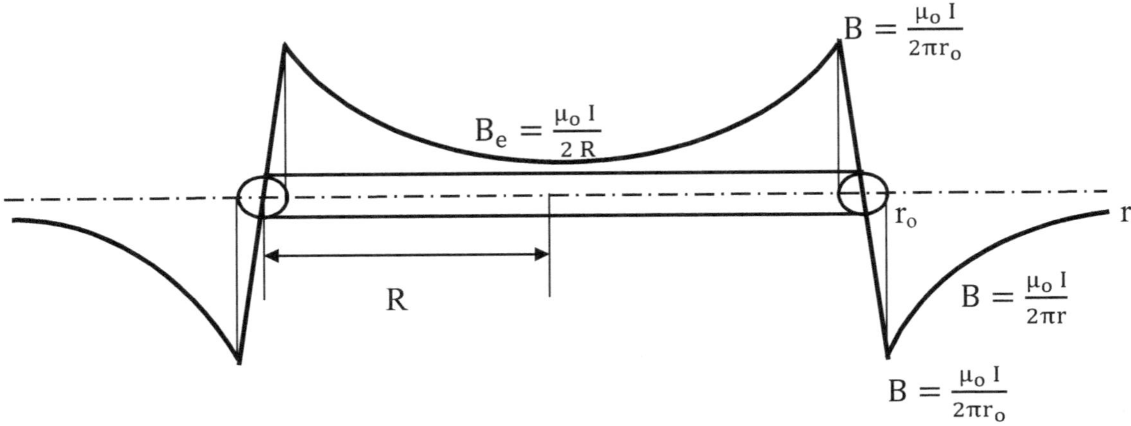

Considerando una espira de sección S por la que circula una corriente I, se define el vector momento magnético de la espira P_m como:

$$\vec{P}_m = I\,\vec{S} \quad A\,m^2 \quad \text{Momento magnético de la espira}$$

Teniendo en cuenta la definición del campo $\vec{B}$ de la espira en su punto medio.

$B = \frac{\mu_0\,I}{2\,R}$ multiplicando y dividiendo por $S = \pi\,R^2$ y operando:

$B = \frac{\mu_0\,I\,S}{2\pi\,R^3}$ por lo tanto $B = \frac{\mu_0\,P_m}{2\pi\,R^3} \quad T$

Las líneas de campo magnético $\vec{B}$ para este caso son como se muestra en la figura.

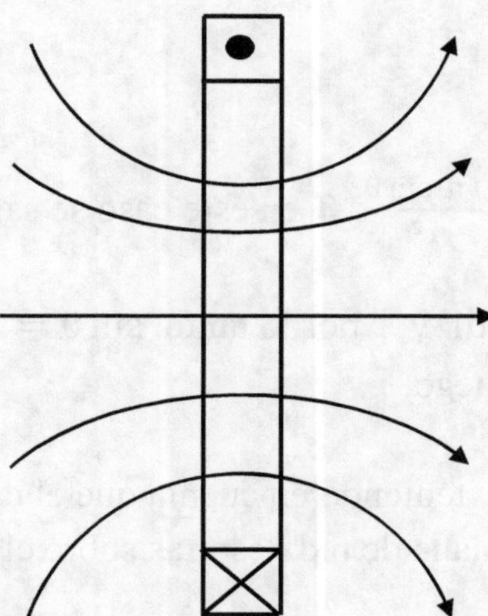

Campo Magnético Generado por un Solenoide

Se tiene un solenoide, (bobina de desarrollo longitudinal) por el que circula una corriente I, compuesto por N espiras arrolladas sobre un núcleo lineal. Considerando un tramo de longitud dx de solenoide, el campo magnético generado por este es igual al generado por una bobina plana de n.dx espiras. En este caso $d\vec{l}$ está ubicado de punta respecto al plano de la hoja, siendo:

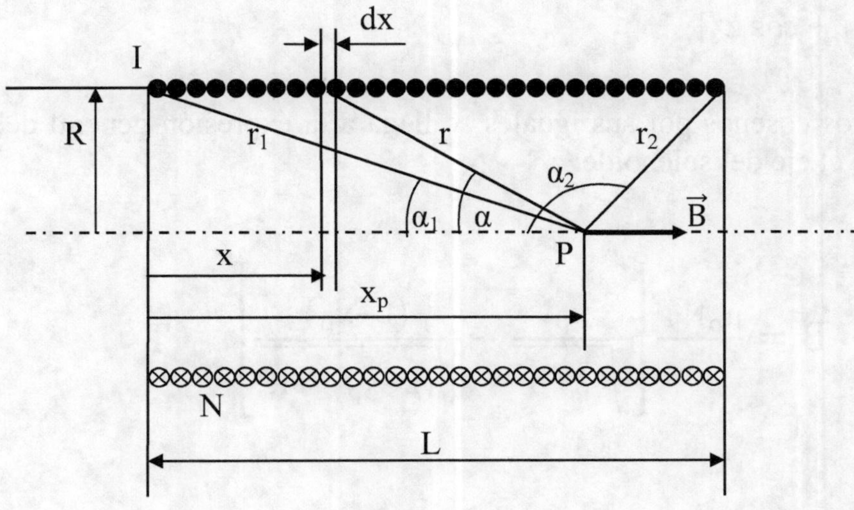

N : Número de espiras del solenoide

$$n = \frac{N}{L}$$ Número de espiras por unidad de longitud

$$\sin \alpha = \frac{R}{r}$$

Por ley de Biot y Savart $B = \int_l K \frac{I\,dl\,\sin\theta}{r^2}$ en este caso se sabe que:

$\theta = \frac{\pi}{2}$ ángulo comprendido entre $\vec{dl}$ y $\vec{r}$ por lo tanto $\sin\theta = 1$ constante a través
de toda la circunferencia, luego.

$\int_l dl\,\sin\theta = 2\pi R$ por lo tanto y teniendo en cuenta que el campo generado por
una bobina plana de n.dx espiras sobre el eje es.

$$dB = \frac{K\,I\,2\pi R\,n\,dx\,\sin\alpha}{r^2}$$ reemplazando K y n por sus iguales.

$$dB = \frac{\mu_o N\,I\,R\,dx\,\sin\alpha}{2\,L\,r^2}$$ como: $\tan\alpha = \frac{R}{(x_p-x)}$ $\left(x_p - x\right) = \frac{R}{\tan\alpha}$

Derivando con respecto a α y despejando el deferencial, se tiene que:

$$dx = \frac{-R\,d\alpha}{\sin^2\alpha}$$ como $r = \frac{R}{\sin\alpha}$ reemplazando $B = \frac{\mu_o N\,I}{2\,L}\int_{\alpha_1}^{\alpha_2} -\sin\alpha\,d\alpha$

Integrando y teniendo en cuenta que $\alpha'_2 = 180° - \alpha_2$

$$B = \frac{\mu_o N\,I}{2\,L}\left[\cos\alpha_1 + \cos\alpha'_2\right]$$

Reemplazando los cosenos por sus iguales se llega a la expresión general del campo
magnético sobre el eje del solenoide:

$$B = \frac{\mu_o N\,I}{2\,L}\left[\frac{x_p}{\sqrt{x_p^2+R^2}} + \frac{(L-x_p)}{\sqrt{(L-x_p)^2+R^2}}\right]\quad T$$

Solenoide Largo

En este caso se tiene L>>>R se puede despreciar R^2 con lo que se simplifica la expresión anterior a saber:

En el extremo: $x_p = 0$ luego reemplazando y operando:

$$B_{ext} = \frac{\mu_o N\,I}{2\,L} \quad T$$

En el centro: $x_p = \frac{L}{2}$ luego reemplazando y operando:

$$B_c = \frac{\mu_o N\,I}{L} \quad T$$

Como se puede apreciar el campo B_{ext} en el extremo es igual a $B_c/2$, se reduce a la mitad del campo en el centro.

Las líneas de campo magnético $\vec{B}$ en este caso son como se muestra en la figura.

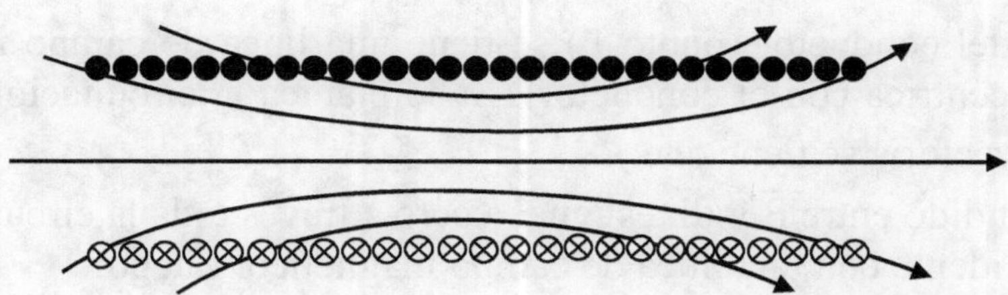

LEY INTEGRAL DE AMPERE

La ley de Ampere es una herramienta que posibilita el cálculo sencillo del campo $\vec{B}$ generado por algunas configuraciones de corriente que presentan cierto grado de uniformidad. Comenzaremos por demostrar la Ley de Ampere a partir del campo generado por un conductor rectilíneo puesto de punta con respecto al plano de la hoja, por el que circula una corriente I saliente.

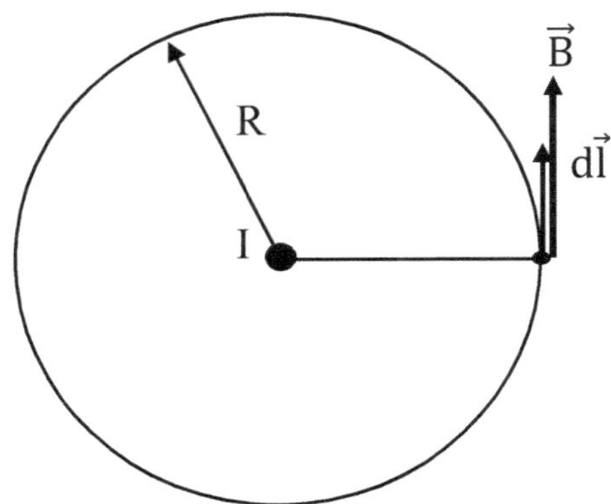

A una distancia R del conductor (punto P) se tiene una línea de campo magnético $\vec{B}$ (circunferencia concéntrica con el conductor). Si se plantea la circuitación del campo $\vec{B}$ a través dicha trayectoria se tiene que:

El angulo θ comprendido entre $\vec{B}$ y $\vec{dl}$ es igual a cero a través toda la circunferencia, ya que esta es coincidente con una línea de campo magnético. Luego:

$$\oint_l \vec{B}.\vec{dl} \qquad \oint_l B\, dl\, \cos\theta \qquad \text{como} \qquad \cos\theta = 1 \qquad \text{constante}$$

$$\oint_l B\, dl = B\, 2\pi R \qquad \text{Teniendo en cuenta que} \quad B = \frac{\mu_o\, I}{2\pi R}$$

$$\oint_l \vec{B}.\vec{dl} = \mu_o\, I$$

La circuitación del campo $\vec{B}$ a través de una trayectoria cerrada, es proporcional a las corrientes que atraviesan el área encerrada por dicha trayectoria.

Si bien la demostración se hace para un caso simple, tiene validez para cualquier tipo de trayectoria cerrada que se elija.

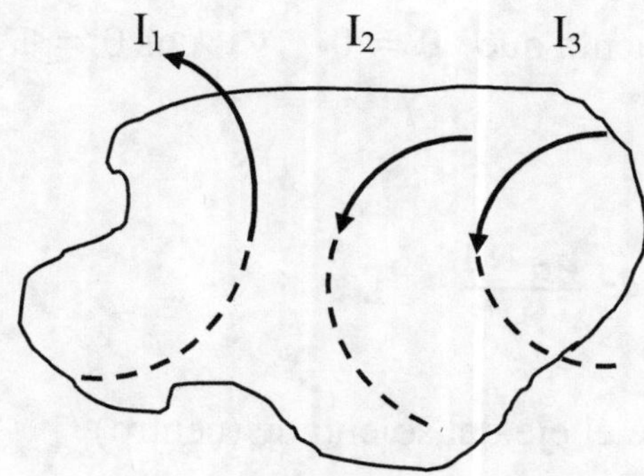

$$\oint_l \vec{B}.d\vec{l} = \mu_o \, (I_1 - I_2 - I_3) \qquad \text{Generalizando para n corrientes:}$$

$$\oint_l \vec{B}.d\vec{l} = \mu_o \sum_{i=1}^{n} I_i$$

APLICACIONES DE LA LEY DE AMPERE

Solenoide

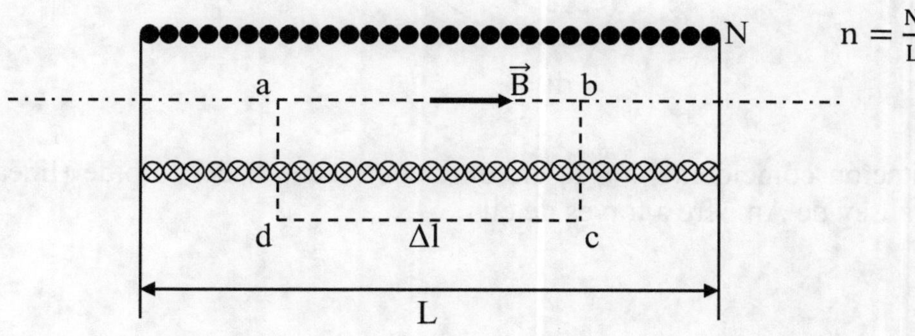

Se toma una circuitación a-b-c-d y se aplica la Ley de Ampere a través de ella.

$$\oint_l \vec{B}.d\vec{l} = \mu_o \, n \, I \, \Delta l \qquad \text{Teniendo en cuenta que:}$$

$$\int_b^c \vec{B}.d\vec{l} = 0 \qquad y \qquad \int_d^a \vec{B}.d\vec{l} = 0 \qquad \text{ya que} \qquad \theta = \frac{\pi}{2} \qquad y \qquad \cos\theta = 0$$

$$\int_c^d \vec{B}.d\vec{l} = 0 \qquad \text{ya que en esta zona el campo } \vec{B} \text{ es nulo.}$$

$\int_a^b \vec{B}.\vec{dl} = \mu_o \, n \, I \, \Delta l$ Teniendo en cuenta que $\theta = 0$ y $\cos\theta = 1$ integrando

$B \, \Delta l = \mu_o \, n \, I \, \Delta l$ operando:

$$B = \frac{\mu_o \, N \, I}{L} \quad T$$

Expresión del campo magnético sobre el eje del solenoide (centro).

Toroide
Bobina de desarrollo longitudinal compuesta por N espiras arrolladas sobre un núcleo circular (es como si a un solenoide se lo curvara y uniese por los extremos).

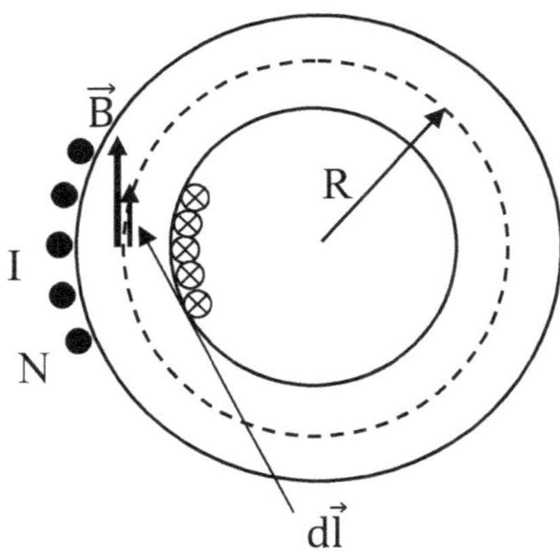

Se toma una circuitación coincidente con la circunferencia central del toroide (línea media) y se aplica la Ley de Ampere a través de ella.

$$\oint_1 \vec{B}.\vec{dl} = \mu_o \, N \, I$$

Teniendo en cuenta que $\theta = 0$ constante y $\cos\theta = 1$ constante a través de toda la circunferencia.

$B \oint_1 \, dl = \mu_o \, N \, I$ integrando y operando:

$$B = \frac{\mu_o \, N \, I}{2\pi \, R} \quad T$$

Expresión del campo magnético sobre la línea media del núcleo del Toroide.

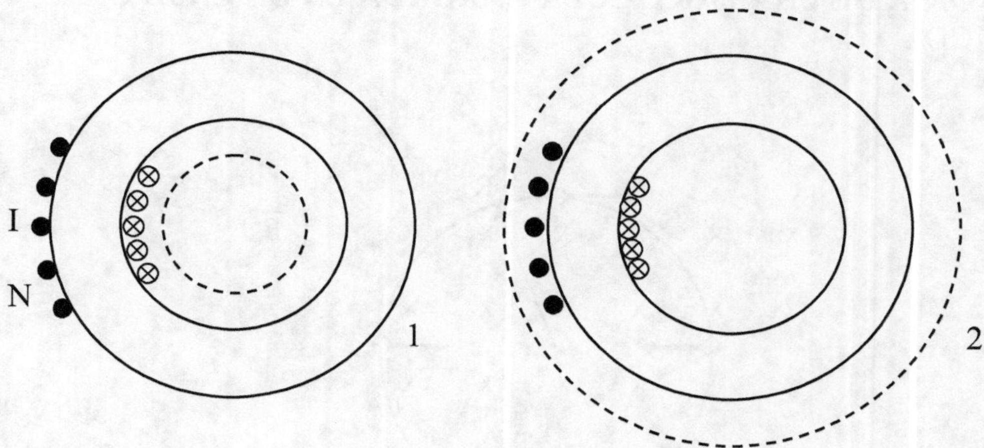

En la zona externa del toroide el campo es nulo ya que si se aplica la Ley de Ampere a los casos 1 y 2 se obtienen los siguientes resultados:

1- $\oint_l \vec{B}.d\vec{l} = 0$ No hay corrientes que atraviesen el área encerrada por la circuitación $\Longrightarrow$ $\vec{B} = 0$

2- $\oint_l \vec{B}.d\vec{l} = \mu_o\,(N\,I - N\,I)$ La suma de las corrientes que atraviesen el área de la circuitación es nula $\Longrightarrow$ $\vec{B} = 0$

El campo magnético queda confinado en el núcleo del toroide.

TRAYECTORIA DE UNA PARTICULA CARGADA EN UN CAMPO MAGNETICO

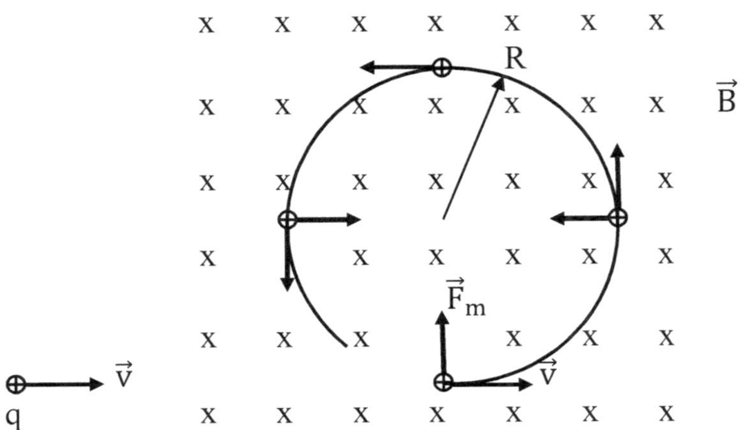

Si una partícula cargada, animada con un movimiento uniforme con velocidad $\vec{v}$ ingresa en un campo magnético $\vec{B}$ uniforme en forma perpendicular a este, la partícula se verá afectada por una fuerza de origen magnético $\vec{F}_m$ que cambiará la trayectoria de la misma a saber:

$$F_m = q\,\vec{v}\times\vec{B} \quad \text{ó} \quad F_m = q\,v\,B\,\sin\theta \quad \text{como} \quad \theta = \frac{\pi}{2} \quad \sin\theta = 1 \quad F_m = q\,v\,B$$

Esta fuerza es a su vez, la fuerza centrípeta que genera la trayectoria circular de la partícula. Por lo tanto:

$$F_c = m_p\,a_c \quad \text{ó} \quad F_c = \frac{m_p v^2}{R} \quad \text{igualando y operando:} \quad q\,v\,B = \frac{m_p v^2}{R}$$

$$R = \frac{m_p v}{q\,B} \quad m$$

Siendo R el radio de la trayectoria circular de la partícula.

Modificando la intensidad del campo $\vec{B}$ es posible modificar la trayectoria de la partícula, no la velocidad $\vec{v}$ que permanece constante.

Sabiendo que la velocidad tangencial es: $v = \omega R$ siendo ω la velocidad angular

y que $\omega = 2\pi f$ dónde f es la frecuencia de giro medida en $\frac{1}{s}$ se tiene que:

$f = \dfrac{1}{T}$ siendo T el período de giro medido en s.   Operando y despejando:

$$f = \frac{q\,B}{2\pi\,m_p} \quad \frac{1}{S}$$

Cantidad de giros que realiza la partícula en la unidad de tiempo.

$$T = \frac{2\pi\,m_p}{q\,B} \quad S$$

Tiempo que demora la partícula en dar un giro completo.

TUBO DE RAYOS CATODICOS

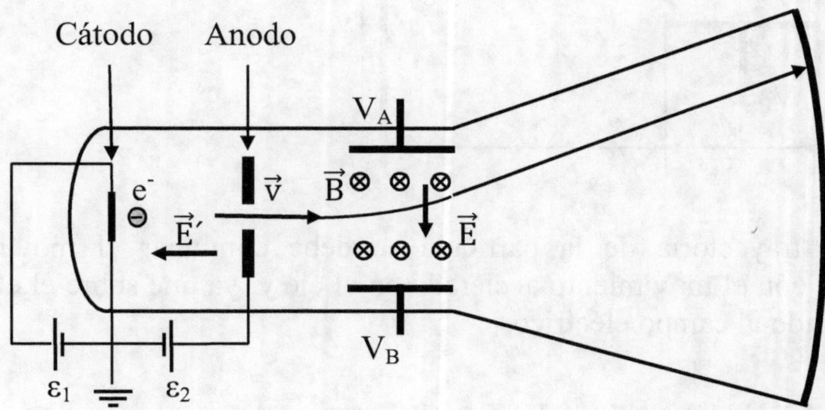

En el cátodo se produce una emisión termoiónica, se forma una nube de electrones en torno al mismo, los cuales son acelerados por el campo eléctrico $\vec{E}'$ (Generado entre ánodo y cátodo).

Cuando el haz de electrones llega al ánodo atraviesa el mismo y continúa con velocidad uniforme $\vec{v}$ y entra al sistema deflector formado por un campo eléctrico $\vec{E}$ y un campo magnético $\vec{B}$.

Es posible calcular la velocidad del haz de electrones teniendo en cuenta la energía cinética alcanzada por los mismos de la siguiente manera:

$\frac{1}{2} m_e v^2 = e\, V_a$ Siendo V_a la diferencia de potencial entre ánodo y cátodo.

$$v = \sqrt{\frac{2\, e\, V_a}{m_e}} \quad \frac{m}{s} \quad \text{Velocidad de los electrones.}$$

Se producen en el sistema deflector del T.R.C. dos tipos de deflexiones, una de origen eléctrico y otra de origen magnético, analizaremos cada una de ellas en detalle.

DEFLEXION DE ORIGEN ELECTRICO

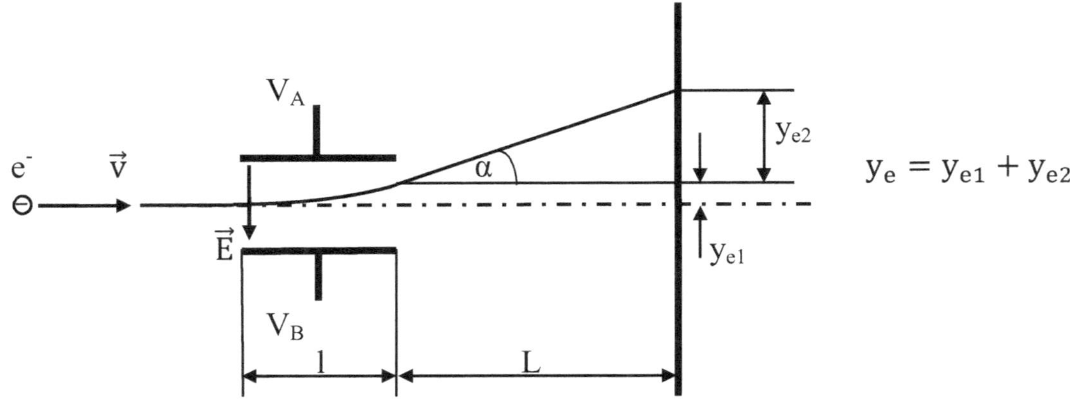

Para determinar la trayectoria de la partícula se debe combinar el movimiento uniforme en el eje x con el movimiento acelerado en el eje y, ya que sobre el electrón actúa una fuerza debido al campo eléctrico.

$F_e = m_e\, a$ ó $e\, E = m_e\, a$ por lo tanto $a = \dfrac{e\, E}{m_e}$

En el eje x el movimiento es uniforme, por lo tanto:

$v = \dfrac{x}{t}$ ó $t = \dfrac{x}{v}$

En el eje y el movimiento es acelerado, por lo tanto:

$y = \dfrac{1}{2} a\, t^2$ reemplazando se tiene la ecuación de la trayectoria

$y = \dfrac{eE\, x^2}{2 m_e v^2}$ valuando $x = 1$ se tiene la deflexión y_{e1}

$$y_{e1} = \frac{eE\,l^2}{2m_e v^2}$$

Se sabe que: $\tan\alpha = \left(\dfrac{dy}{dx}\right)_{x=l}$ es decir $\tan\alpha = \dfrac{e\,E\,l}{m_e v^2}$

Como $y_{e2} = L\tan\alpha$ reemplazando se tiene la deflexión y_{e2}

$$y_{e2} = \frac{L\,e\,E\,l}{m_e v^2} \qquad \text{con lo cual:}$$

$$y_e = \frac{e\,E\,l}{m_e v^2}\left(\frac{l}{2} + L\right) \quad m$$

DEFLEXION DE ORIGEN MAGNETICO

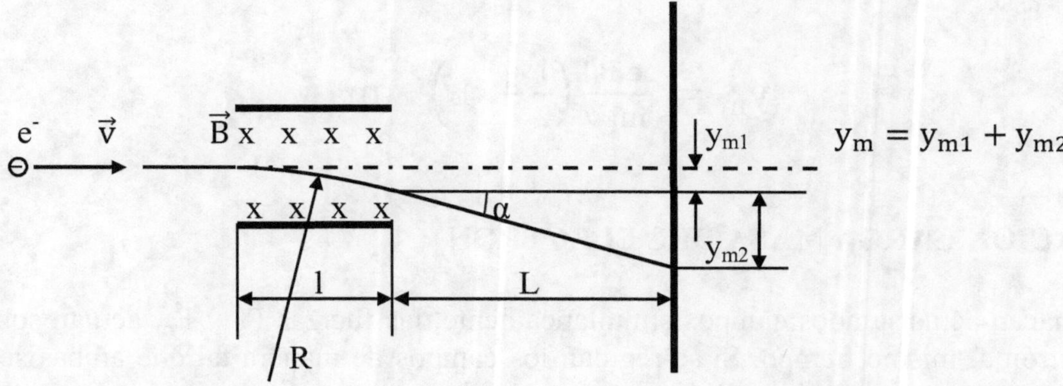

Se sabe que la trayectoria de la partícula es circular (arco de circulo) ya que sobre el electrón actúa una fuerza debido al campo magnético. Sabiendo que:

$$R = \frac{m_e v}{e\,B}$$

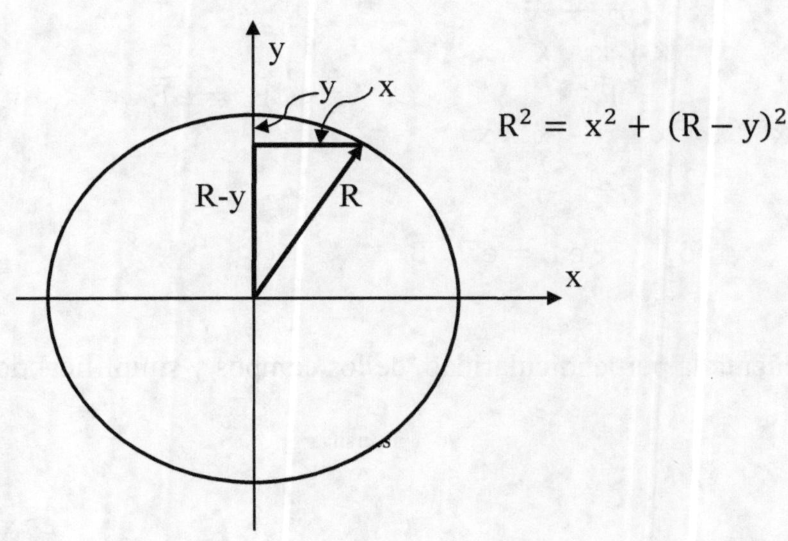

Desarrollando el binomio se tiene:

$$R^2 = x^2 + R^2 - 2Ry + y^2$$

Simplificando y despreciando y^2 se tiene la ecuación de la trayectoria:

$$y = \frac{x^2}{2R}$$ valuando $x = l$ y   R por su igual, se tiene la deflexión y_{m1}

$$y_{m1} = \frac{eB\,l^2}{2m_e v}$$

Se sabe que: $\tan \alpha = \left(\dfrac{dy}{dx}\right)_{x=l}$ es decir $\tan \alpha = \dfrac{l}{R}$

Como $y_{m2} = L \tan \alpha$ reemplazando se tiene la deflexión y_{m2}

$$y_{m2} = \frac{eB\,L\,l}{m_e v}$$ con lo cual:

$$y_m = \frac{e\,B\,l}{m_e v}\left(\frac{l}{2} + L\right) \quad m$$

RELACION CARGA MASA DEL ELECTRON

Si se hacen actuar ambos campos simultáneamente, las fuerzas $\vec{F}_e$ y $\vec{F}_m$ actúan sobre el electrón al mismo tiempo. Si se regulan los campos de manera tal que ambas sean iguales, la trayectoria será rectilínea, luego:

$$\vec{F}_m = e\,\vec{v} \times \vec{B}$$

$$\vec{F}_e = e\,\vec{E}$$

$$\vec{F}_m + \vec{F}_e = 0 \qquad \text{ó} \qquad e\,\vec{E} = e\,\vec{v} \times \vec{B}$$

Teniendo en cuenta la perpendicularidad de los campos y simplificando se tiene:

$$V = \frac{E}{B} \quad \frac{m}{s}$$

Determinando la velocidad del electrón con la relación de los campos, es posible determinar la relación carga masa $\frac{e}{m_e}$ con cualquiera de las expresiones de la deflexión, y_e ó y_m

$$\frac{e}{m_e} = \frac{y_e\, E}{l\, B^2 \left(\frac{l}{2} + L\right)} \quad \frac{C}{kg}$$

INTERACCIÓN MAGNETICA

FUERZA SOBRE UN CONDUCTOR

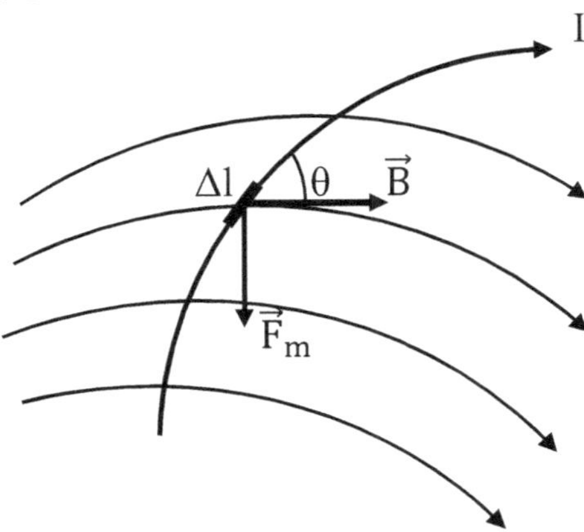

n   : número de portadores por unidad de volumen
Δl S : Volumen del tramo de conductor Δl

Cuando por un conductor circula una corriente I se produce un flujo de cargas dentro del mismo. Sobre cada portador de carga q actúa una fuerza de origen magnético $\vec{f}_m$ a saber:

$$\vec{f}_m = q\,\vec{v}\times\vec{B} \qquad ó \qquad f_m = q\,v\,B\sin\theta$$

Si se toma un trozo Δl de conductor, en el mismo hay n S Δl portadores de carga q, por lo tanto la fuerza que actúa sobre el tramo Δl es:

$$\vec{F}_m = n\,S\,\Delta l\,\vec{f}_m \qquad \text{es decir} \qquad F_m = n\,S\,\Delta l\,q\,v\,B\sin\theta \quad \text{como se sabe}$$

$$I = n\,S\,q\,v \qquad \text{entonces} \qquad F_m = I\,\Delta l\,B\sin\theta \qquad ó \qquad \vec{F}_m = I\,\overrightarrow{\Delta l}\times\vec{B}$$

Generalizando para todo el conductor:

$$\vec{F}_m = \int_l\ I\,\vec{dl}\times\vec{B} \qquad N$$

La dirección de la fuerza es la perpendicular al plano formado por el conductor y el campo magnético y el sentido el dado por la regla de la mano izquierda, es decir el campo magnético entra por la palma de la mano, los dedos siguen a la corriente y el pulgar da el sentido de la fuerza.

FUERZAS ENTRE CONDUCTORES PARALELOS

Sean dos conductores rectilíneos de longitud Δl paralelos, ubicados a una distancia d uno del otro por los que circulan las corrientes I_1 e I_2 respectivamente:

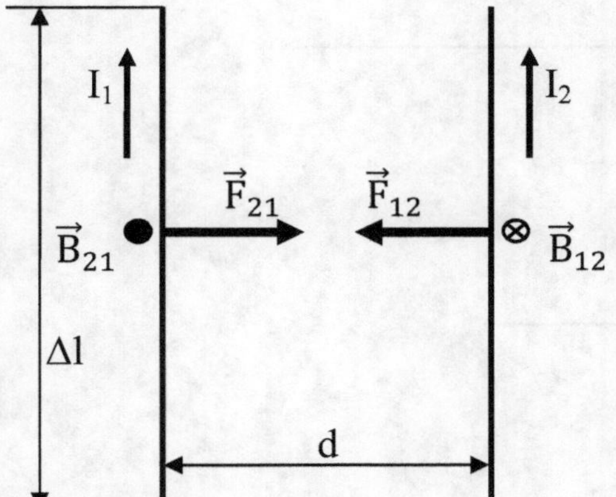

$\vec{B}_{12}$: Campo en 2 generado por I_1

$\vec{B}_{21}$: Campo en 1 generado por I_2

$\vec{F}_{12}$: Fuerza sobre 2 generado por I_1

$\vec{F}_{21}$: Fuerza sobre 1 generado por I_2

Δl : longitud de los conductores

$$B_{12} = \frac{\mu_o \, I_1}{2\pi d} \qquad \text{luego} \qquad F_{12} = \frac{\mu_o \, I_1 I_2 \, \Delta l}{2\pi d}$$

$$B_{21} = \frac{\mu_o \, I_2}{2\pi d} \qquad \text{luego} \qquad F_{21} = \frac{\mu_o \, I_1 I_2 \, \Delta l}{2\pi d}$$

Como se puede apreciar las fuerzas son iguales y de sentido opuesto. Por tratarse de corrientes que circulan en el mismo sentido, las fuerzas son de atracción, si las corrientes circulan en sentidos opuestos, las mismas son de repulsión.

DEFINICION DE AMPERIO

Sean dos conductores por los que circulan corrientes iguales en el mismo sentido. Si la longitud de los conductores Δl es de un metro y la distancia de separación d es de un metro, la corriente que circula por ambos conductores es un Amperio si la fuerza de atracción entre los mismos es 2×10^{-7} N

MOMENTO SOBRE UNA ESPIRA

Sea una espira por la que circula una corriente I inmersa en un campo magnético $\vec{B}$ sobre los lados de la espira se generan fuerzas de origen magnético a saber:

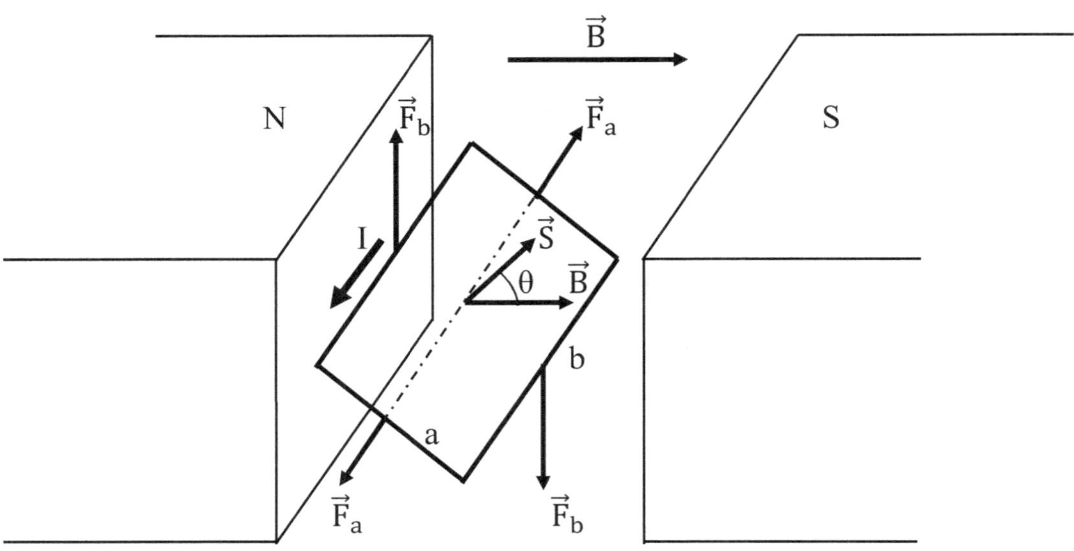

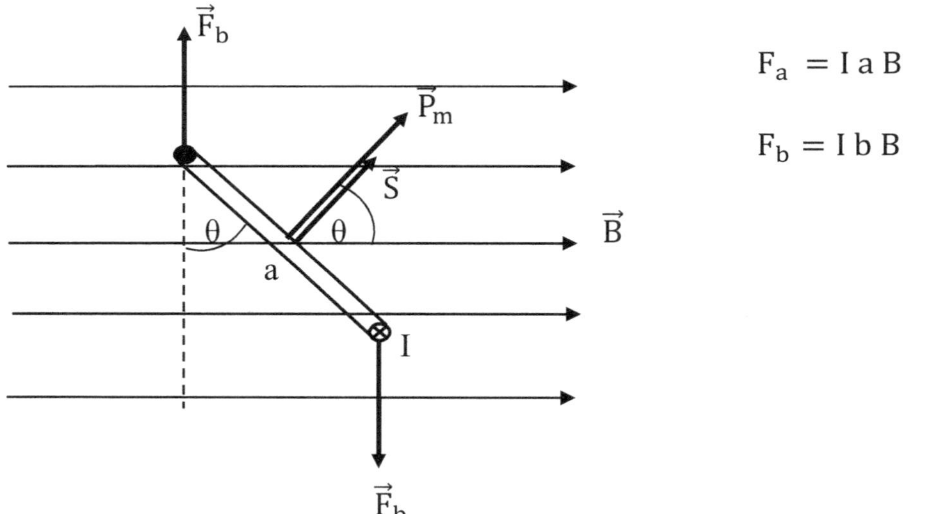

$$F_a = I\,a\,B$$

$$F_b = I\,b\,B$$

Las fuerzas $\vec{F}_a$ que actúan sobre los lados a de la espira son iguales, opuestas y colineales, por lo tanto se anulan entre sí, mientras que las $\vec{F}_b$ que actúan sobre los lados b son iguales, opuestas, pero no son colineales, por lo tanto producen un momento o cupla C que la hace rotar.

$$C = F_b \, a \, \sin\theta \qquad \text{es decir} \qquad C = I \, b \, B \, a \, \sin\theta$$

Teniendo en cuenta que: $\quad S = a \, b$

$$C = I \, S \, B \, \sin\theta \quad N\,m$$

Lo que muestra que la cupla depende del área de la espira pero no de su forma.

Como $\quad \vec{P}_m = I \, \vec{S} \quad$ Momento magnético de la espira, se puede escribir la expresión anterior de la siguiente manera:

$$C = P_m B \, \sin\theta \quad N\,m \qquad \text{ó} \qquad \vec{C} = \vec{P}_m \times \vec{B} \qquad N\,m$$

Para una bobina de N espiras la cupla será:

$$C = N \, I \, S \, B \, \sin\theta \qquad N\,m$$

APLICACION DE CUPLA A CASOS PARTICULARES

Galvanómetro

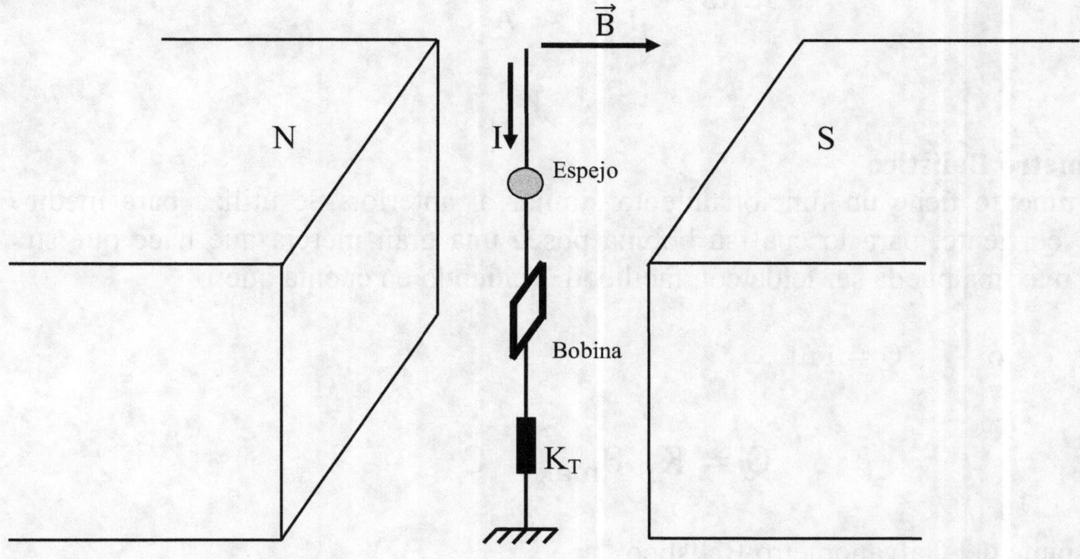

Se trata de un instrumento que permite medir corrientes. Consta de una bobina inmersa en una campo magnético uniforme $\vec{B}$. La misma tiene un área S y N espiras. Al circular la corriente I por la bobina, se genera una cupla C_G que la hace girar hasta que se equilibra con la cupla resistente C_R del resorte de torsión luego de deflectar un ángulo θ (reflejado a través de un haz luminoso sobre un espejo o una aguja).

$$\vec{C}_G = \vec{P}_m \times \vec{B} \qquad \text{es decir} \qquad C_G = N\,I\,S\,B\,\sin\theta$$

$$C_R = K_T\,\theta \qquad \text{Siendo } K_T \text{ Constante de torsión del resorte}$$

$$\text{Como } C_G = C_R \qquad \Longrightarrow \qquad N\,I\,S\,B\,\sin\theta = K_T\,\theta \qquad \text{ordenando}$$

$$I = \left(\frac{K_T}{N\,S\,B\,\sin\theta}\right)\theta \qquad \text{es decir}$$

$$I = K_G\,\theta \quad A$$

K_G Constante del Galvanómetro
θ Deflexión leída sobre una escala graduada

La sensibilidad del galvanómetro viene dada por:

$$\text{Sens} = \frac{\theta}{I} \qquad \frac{\text{Grados}}{A}$$

Galvanómetro Balístico
Este instrumento tiene un funcionamiento similar al anterior. Se utiliza para medir pulsos de corriente, para lo cual su bobina posee una gran inercia que hace que su deflexión máxima pueda ser leída con facilidad. Teniendo en cuenta que:

$$dq = I\,dt \qquad ó \qquad Q = I\,\Delta t$$

$$Q = K_B\,\theta_{max} \quad C$$

K_B Constante del Galvanómetro Balístico
θ_{mx} Deflexión máxima leída en una escala graduada

Motor de Corriente Continua

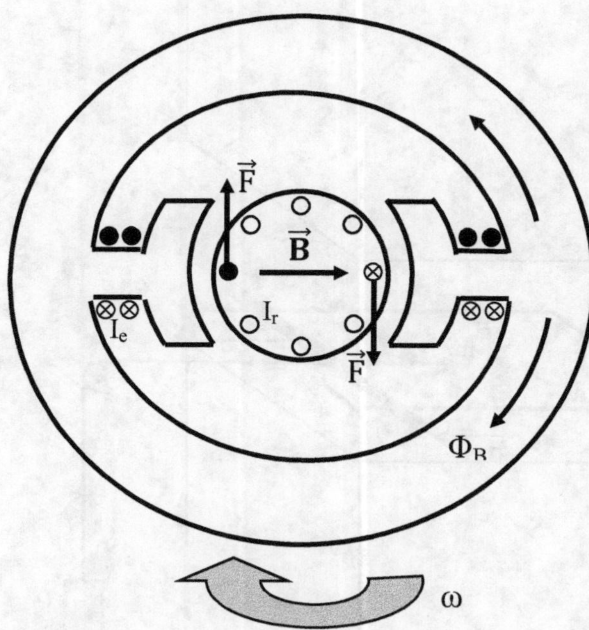

El motor de CC consta de una parte estática llamada estator, de material ferromagnético con sus zapatas polares donde se genera el campo magnético $\vec{B}$ por medio de los arrollamientos por donde circula la corriente I_e (corriente del estator). Dentro del estator se encuentra la parte rotante o rotor del motor por cuyo arrollamiento (bobinas) circula la corriente del rotor I_r (corriente del rotor). Como se puede apreciar se genera una cupla C_m que es la encargada de hacer rotar el rotor del motor.

$$\vec{C}_m = \vec{P}_m \times \vec{B} \quad N\,m$$

La cupla siempre es máxima ya que la bobina que recibe corriente I_r es la que se encuentra con su plano paralelo al campo $\vec{B}$ (esto se logra mediante un sistema de escobillas y delgas que generan este mecanismo), por lo tanto.

$$C_m = N\,I_r\,S\,B \quad N\,m$$

La potencia desarrollada por el motor es:

$$P_{motor} = C_m\,\omega \quad W$$

TRABAJO ELECTROMAGNETICO (Barra móvil)

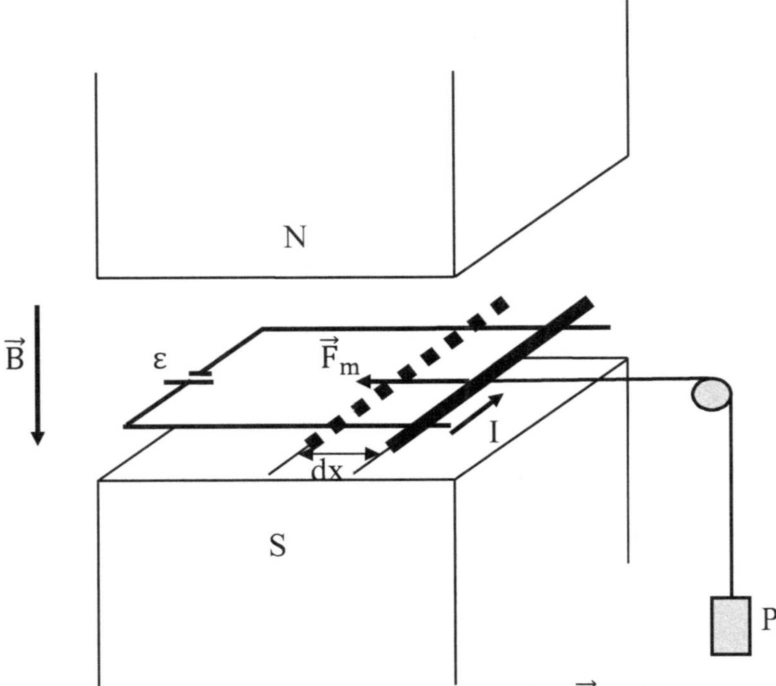

Sea un par de polos que generan un campo magnético $\vec{B}$ uniforme. Inmerso en el mismo se encuentra una espira con uno de sus lados de longitud l móvil. La misma está alimentada por una f.e.m. ε. Al circular una corriente en la espira, sobre la barra móvil se genera una fuerza de origen magnético que hace que la misma se desplace hacia la izquierda con una velocidad $\vec{v}$ constante. Sabiendo que:

$$\vec{F} = \int_l \ I \ d\vec{l} \times \vec{B} \qquad \text{para este caso} \qquad F = I\,l\,B \qquad \text{ya que} \qquad \theta = \frac{\pi}{2} \qquad \sin\theta = 1$$

De acuerdo con la definición de trabajo

$$dW = \vec{F}.\,d\vec{x} \qquad \text{como en este caso} \qquad \theta = 0 \qquad \cos\theta = 1 \qquad dW = I\,l\,B\,dx$$

Sabiendo que $\quad dS = l\,dx \qquad dW = I\,B\,dS \qquad$ y como $\quad d\emptyset = B\,dS$

$dW = I\,d\emptyset \qquad$ integrando se llega a la expresión del trabajo:

$$W = I(\emptyset_i - \emptyset_f) \qquad J$$

Sabiendo que la potencia desarrollada es: $\quad P = \dfrac{dW}{dt} \qquad$ como $\qquad v = \dfrac{dx}{dt}$

$$P = I\,l\,B\,v \qquad W$$

TRABAJO ELECTROMAGNETICO (Bobina móvil)

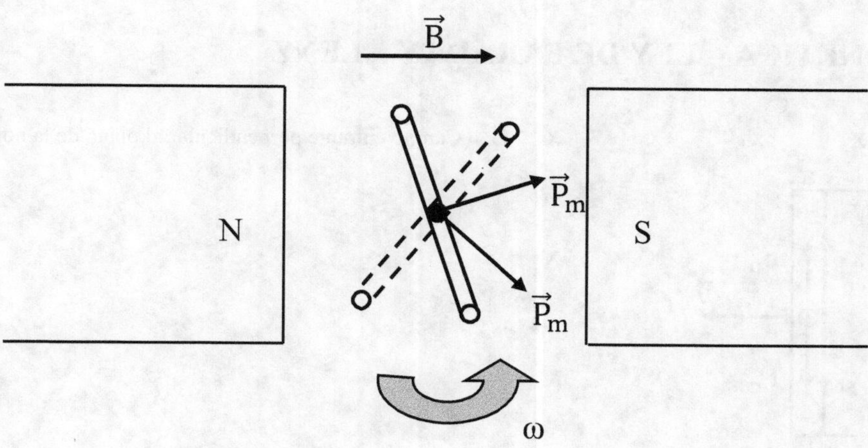

Se tiene una espira inmersa en un campo magnético $\vec{B}$ uniforme, por la misma circula una corriente I lo cual genera una cupla C_m que hace girar a la misma con velocidad angular ω. Sabiendo que:

$$\vec{C}_m = \vec{P}_m \times \vec{B} \qquad ó \qquad C_m = I \, S \, B \, \sin\theta \qquad \text{ya que} \qquad \vec{P}_m = I \, \vec{S}$$

$$dW = C_m \, d\theta \qquad \text{es decir} \qquad dW = I \, S \, B \, \sin\theta \, d\theta \qquad \text{integrando}$$

$$W = \int_{\theta_i}^{\theta_f} I \, S \, B \, \sin\theta \, d\theta \qquad ó \qquad W = I \, S \, B \int_{\theta_i}^{\theta_f} \sin\theta \, d\theta$$

$$W = I \, S \, B(\cos\theta_i - \cos\theta_f)$$

Sabiendo que el flujo es: $\emptyset = S \, B \cos\theta$
Sustituyendo se llega a la expresión del trabajo:

$$W = I(\emptyset_i - \emptyset_f) \qquad J$$

Sabiendo que la potencia desarrollada es: $P = \dfrac{dW}{dt}$ \qquad y que \qquad $\omega = \dfrac{d\theta}{dt}$

$$P = I \, S \, B \, \sin\theta \, \omega \qquad W$$

INDUCCION ELECTROMAGNETICA

INDUCCION MAGNETICA – LEY DE FARADAY – LENZ

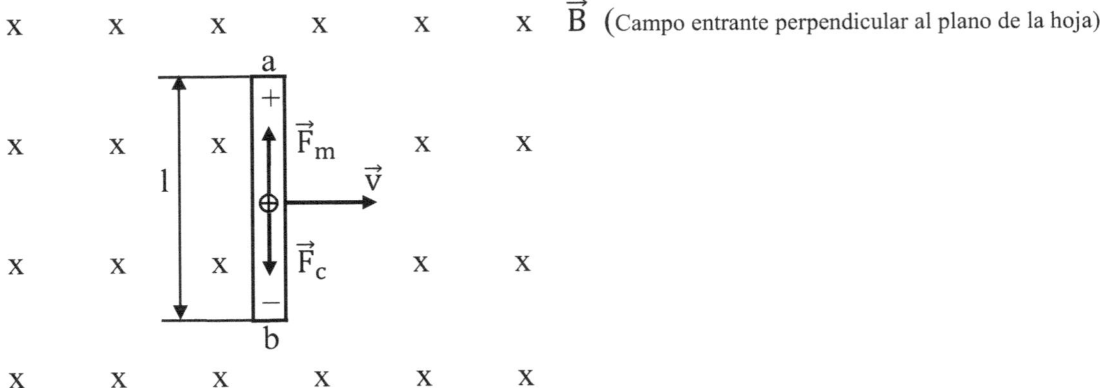

Sea un campo magnético $\vec{B}$ uniforme entrante perpendicular al plano de la hoja. Una barra conductora que se desplaza con velocidad $\vec{v}$ uniforme perpendicular al campo. Sobre los portadores de cargas que hay dentro de las barras se generan fuerzas de origen magnético $\vec{F}_m$ que desplazan las mismas hacia el extremo superior de la barra.

$$\vec{F}_m = q\,\vec{v} \times \vec{B}$$

Dicha fuerza se podría atribuir a un campo no Coulombiano $\vec{E}_n$ y escribir que:

$$\vec{F}_m = q\,\vec{E}_n \quad \text{siendo} \quad \vec{E}_n = \vec{v} \times \vec{B} \quad \text{Campo no Coulombiano}$$

Esto hace que el extremo superior de la barra quede con un exceso de cargas positivas y el extremo inferior con un exceso de cargas negativas lo cual genera un campo eléctrico $\vec{E}_c$ que repele ese flujo de cargas. En un momento la fuerza de origen magnético $\vec{F}_m$ y la fuerza de origen eléctrico $\vec{F}_c$ se equilibran y ya no hay movimiento de cargas. El sistema está a circuito abierto.

$$\vec{F}_c = q\,\vec{E}_c \quad \text{siendo} \quad \vec{E}_c \text{ Campo Coulombiano}$$

Como se puede apreciar el sistema es un generador electromagnético y a circuito abierto se cumple que:

$\vec{E}_c + \vec{E}_n = 0$ ya que los dos campos son iguales y de sentido opuesto.

Teniendo en cuenta la definición de fuerza electromotriz f.e.m. ó ε

$$\varepsilon = \int_b^a \vec{E}_n . d\vec{l} \qquad \text{es decir} \qquad \varepsilon = \int_b^a (\vec{v} \times \vec{B}).d\vec{l}$$

Integrando y teniendo en cuenta que para este caso $\theta = \dfrac{\pi}{2}$ cte   y $\sin\theta = 1$ cte:

$$\varepsilon = v\,B\,l \qquad V$$

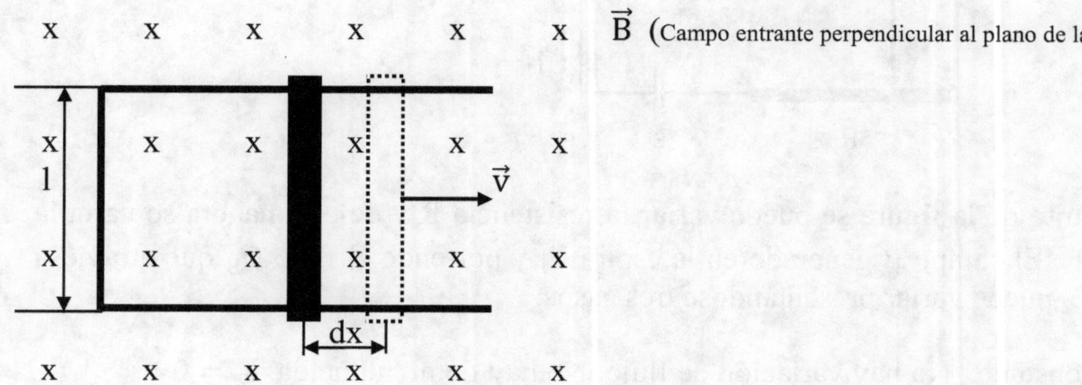

Si ahora la barra conductora se desliza sobre contactos móviles cerrando una espira, al cabo de un cierto tiempo dt, la barra se habrá desplazado una distancia dx barriendo un área dS tal que:

$dS = l\,dx$ teniendo en cuenta el concepto de flujo de campo $\vec{B}$

$d\varnothing_B = \vec{B} . d\vec{S}$ dividiendo por dt ambos miembros y operando

$$\dfrac{d\varnothing_B}{dt} = B\,l\,\dfrac{dx}{dt} \qquad \text{ó} \qquad \dfrac{d\varnothing_B}{dt} = B\,l\,v \qquad \text{pero} \qquad \varepsilon = B\,l\,v \quad V \qquad \text{luego}$$

$\varepsilon = \dfrac{d\varnothing_B}{dt}$ V   la f.e.m inducida es proporcional a la variación del flujo magnético.

Esta conclusión a la que arribó Faraday, fue completada por Lenz.
La ley de Lenz dice que la f.e.m. inducida tiene un sentido tal, que se opone a la causa que la genera, de allí el signo menos. Si el circuito está constituido por N espiras entonces se puede escribir la ley de Faraday-Lenz:

$$\varepsilon = -N \frac{d\varnothing_B}{dt} \quad V \quad \text{Ley de Faraday-Lenz}$$

Ejemplos Particulares

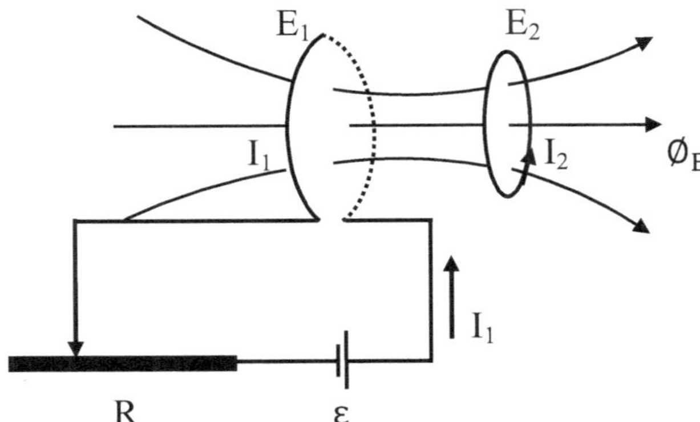

En el circuito de la figura se puede variar la resistencia R y de esa manera se varía la corriente I_1. El campo $\vec{B}$ generado en la espira E_1 y por ende el flujo $\varnothing_B$ que atraviesa la espira E_2 puede variar presentándose tres casos:

1- I_1 constante. No hay variación de flujo. No hay f.e.m. inducida. $I_2 = 0$
2- I_1 decreciente. Hay variación de flujo. Hay f.e.m. inducida. $I_2 \neq 0$ (sentido como en el dibujo)
3- I_1 creciente. Hay variación de flujo. Hay f.e.m. inducida. $I_2 \neq 0$ (sentido opuesto al dibujo)

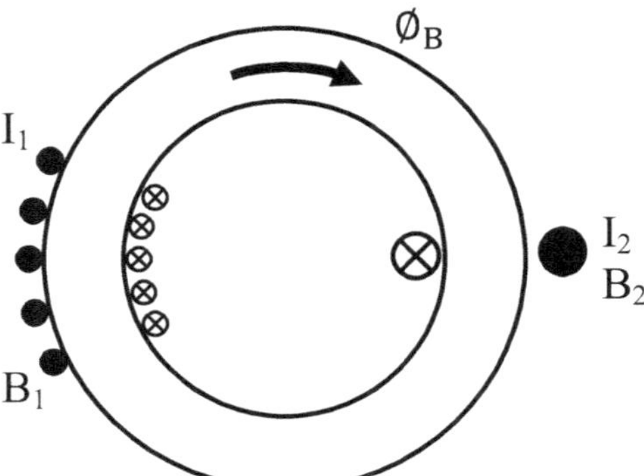

En el circuito de la figura se puede variar la corriente I_1 en la bobina B_1. El campo $\vec{B}$ generado y por ende el flujo $\varnothing_B$ que atraviesa la bobina B_2 variará presentándose tres casos:

1- I_1 constante. No hay variación de flujo. No hay f.e.m. inducida. $I_2 = 0$

2- I_1 decreciente. Hay variación de flujo. Hay f.e.m. inducida. $I_2 \neq 0$ (sentido como en el dibujo).

3- I_1 creciente. Hay variación de flujo. Hay f.e.m. inducida. $I_2 \neq 0$ (sentido opuesto al dibujo)

DISCO GIRATORIO

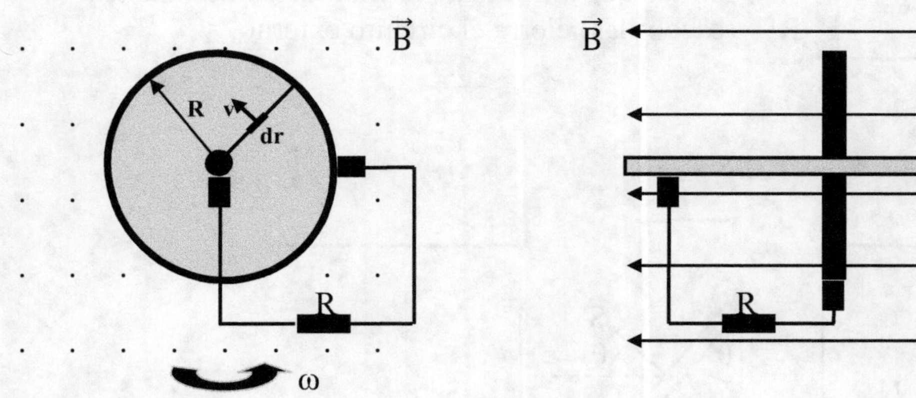

Un disco metálico gira con velocidad angular ω inmerso en un campo magnético $\vec{B}$ uniforme perpendicular al plano del disco (paralelo a su eje de giro). Los rayos del disco se comportan en forma similar a la barra del caso anterior, es decir van cortando líneas de campo. Si se toma un elemento diferencial de radio dr que se desplaza con velocidad $\vec{v}$ y teniendo en cuenta el concepto de f.e.m. se puede plantear que:

$$d\varepsilon = \vec{E}_n \cdot d\vec{r} \qquad \text{ó} \qquad \varepsilon = \int_0^R \vec{E}_n \cdot d\vec{r} \qquad \text{como} \qquad \vec{E}_n = \vec{v} \times \vec{B} \qquad \text{y} \qquad v = \omega R$$

$$\varepsilon = \int_0^R \omega R B \, dr \qquad \text{ya que} \qquad \theta = \frac{\pi}{2} \text{ cte} \quad \text{y} \quad \sin\theta = 1 \text{ cte} \qquad \text{Integrando:}$$

$$\varepsilon = \frac{1}{2} \omega B R^2 \qquad V$$

ESPIRA (BOBINA) GIRATORIA

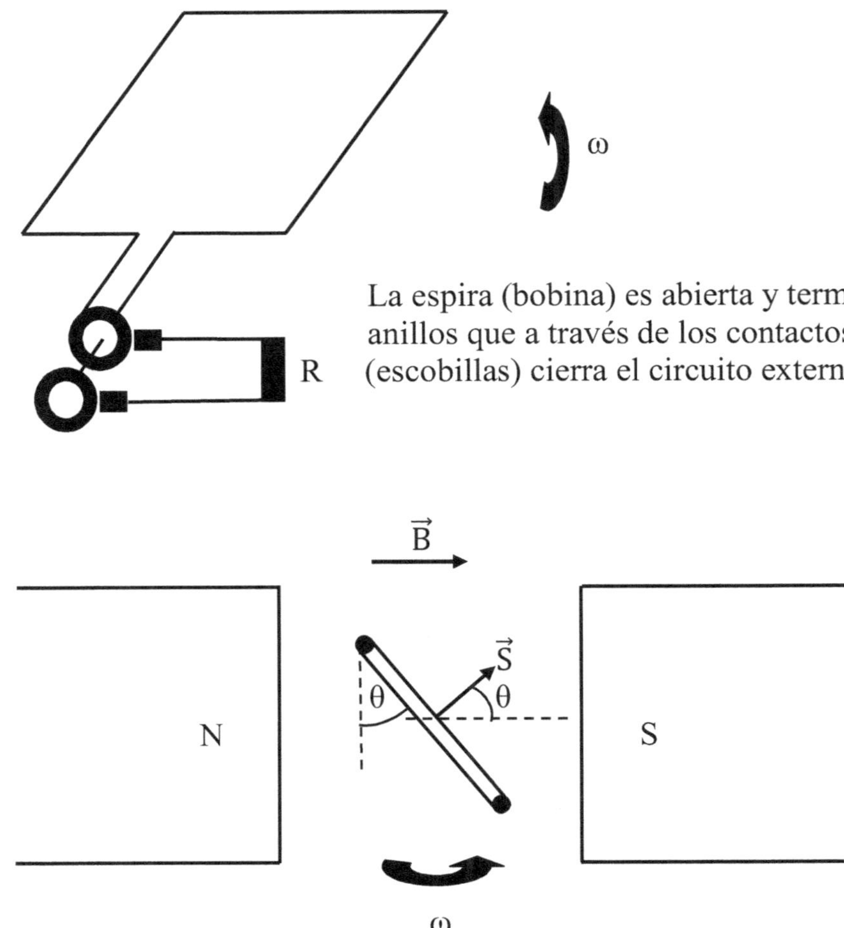

La espira (bobina) es abierta y termina en dos anillos que a través de los contactos deslizantes (escobillas) cierra el circuito externo.

Se tiene una espira(bobina) plana inmersa en un campo magnético uniforme $\vec{B}$, la cual gira con velocidad angular ω. El flujo del campo magnético $\emptyset_B$ a través de la espira (bobina) es variable lo cual genera una f.e.m. inducida por aplicación de la Ley de Faraday-Lenz a saber:

$$\emptyset_B = B\,S\,\cos\theta \qquad \text{como} \qquad \theta = \omega t \implies \emptyset_B = B\,S\,\cos\omega t$$

$$\varepsilon = -N\frac{d\emptyset_B}{dt} \qquad \text{por lo tanto} \qquad \varepsilon = N\,B\,S\,\omega\,\sin\omega t \qquad \text{si} \qquad \varepsilon_{max} = N\,B\,S\,\omega$$

$$\varepsilon = \varepsilon_{max}\,\sin\omega t \qquad V$$

Siendo N el número de espiras de la bobina (se considera que la bobina tiene N espiras).

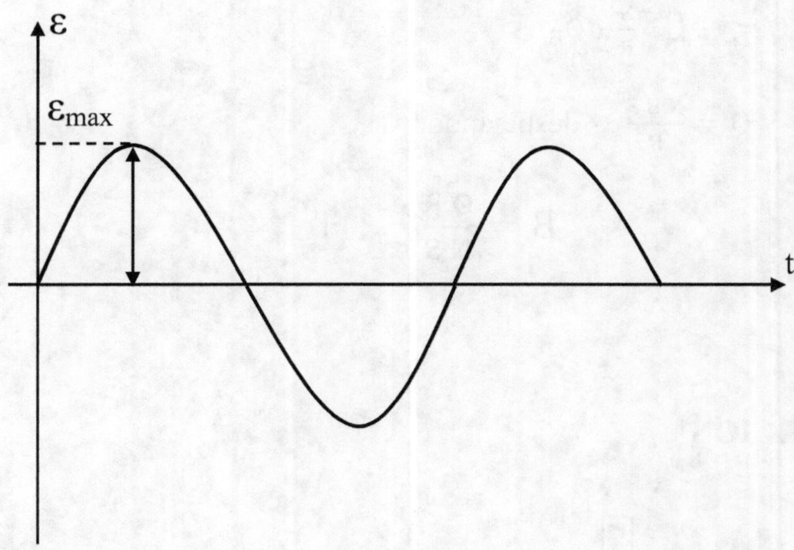

FLUXÍMETRO (Medidor de Campo $\vec{B}$)

Se trata de un instrumento que permite medir un campo magnético $\vec{B}$, consta de una bobina rotante compuesta por N espiras.

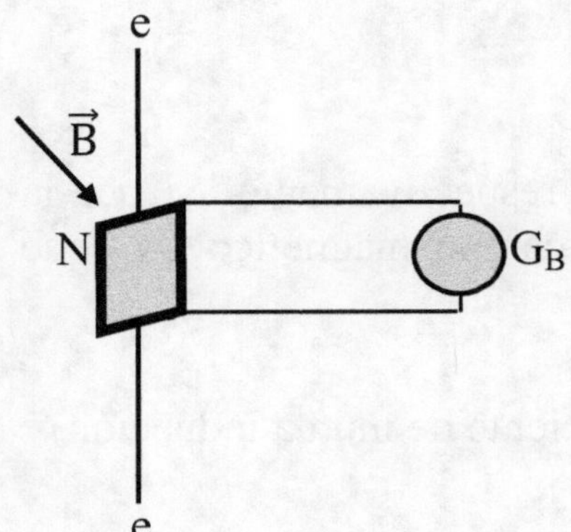

Se ubica la bobina de N espiras y área S perpendicular al campo magnético $\vec{B}$ a medir.

$$\emptyset_B = B\,S \quad Wb$$

Si se gira la bobina $\pi/2$ sobre su eje se induce un f.e.m. en la bobina que por Ley de Faraday-Lenz es:

$$\varepsilon = -N\frac{d\emptyset_B}{dt} \qquad \text{considerando la resistencia R de la bobina} \qquad i = -\frac{N}{R}\frac{d\emptyset_B}{dt}$$

El galvanómetro mide el pulso de corriente es decir la carga inducida Q y teniendo en cuenta que:

$$I = \frac{dq}{dt} \qquad dq = I\,dt \qquad \text{integrando}$$

$$Q = \int_0^t I \, dt \qquad Q = -\int_0^{\varnothing_B} \frac{N}{R} \, d\varnothing_B$$

$$Q = \frac{N \varnothing_B}{R} \qquad \text{ó} \qquad Q = \frac{N B S}{R} \qquad \text{despejando}$$

$$B = \frac{Q R}{N S} \qquad T$$

MUTUA INDUCCION

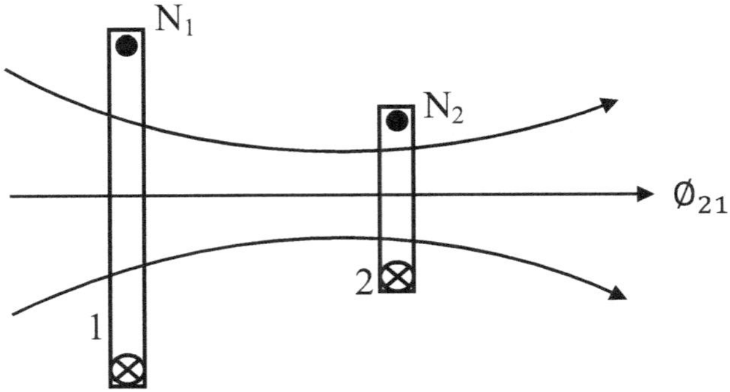

Se tienen dos bobinas planas 1 y 2 de N_1 y N_2 espiras respectivamente. Si por la bobina 1 circula una corriente I_1 se genera un flujo de campo magnético $\varnothing_{21}$ que concatena la bobina 2 proporcional a la corriente I_1 es decir:

$$N_2 \varnothing_{21} = M_{21} I_1 \qquad \text{donde} \qquad M_{21} = \frac{N_2 \varnothing_{21}}{I_1} \qquad H \quad \text{(Coeficiente de mutua inducción)}$$

Derivando la expresión anterior con respecto al tiempo se tiene:

$$N_2 \frac{d\varnothing_{21}}{dt} = M_{21} \frac{dI_1}{dt} \qquad \text{es decir} \qquad \varepsilon_2 = -M_{21} \frac{dI_1}{dt} \qquad V$$

Como $\quad M_{21} = M_{12} = M \quad$ entonces:

$$\varepsilon_1 = -M \frac{dI_2}{dt} \quad V \qquad\qquad \varepsilon_2 = -M \frac{dI_1}{dt} \quad V$$

M se mide en H y se representa con el símbolo:

Coeficiente de Mutuainducción para dos Solenoides Superpuestos

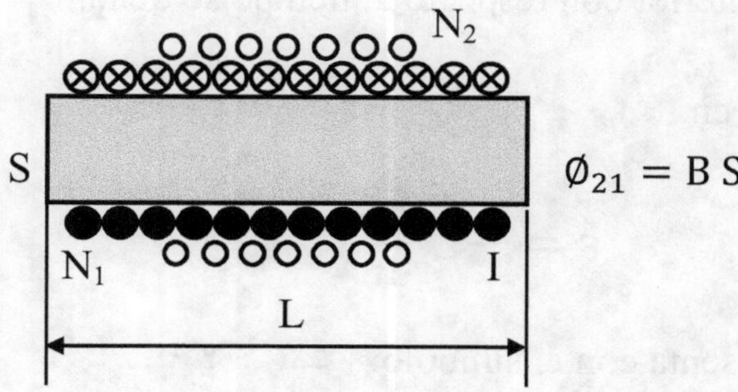

Sean dos solenoides de N_1 y N_2 espiras respectivamente arrollados sobre un núcleo de sección S.

$$M = \frac{N_2 \varnothing_{21}}{I_1} \qquad M = \frac{N_2 \, \mu_o \, N_1 \, I_1 \, S}{L \, I_1} \qquad \text{es decir}$$

$$M = \frac{\mu_o \, N_1 N_2 \, S}{L} \qquad H$$

AUTO INDUCCION

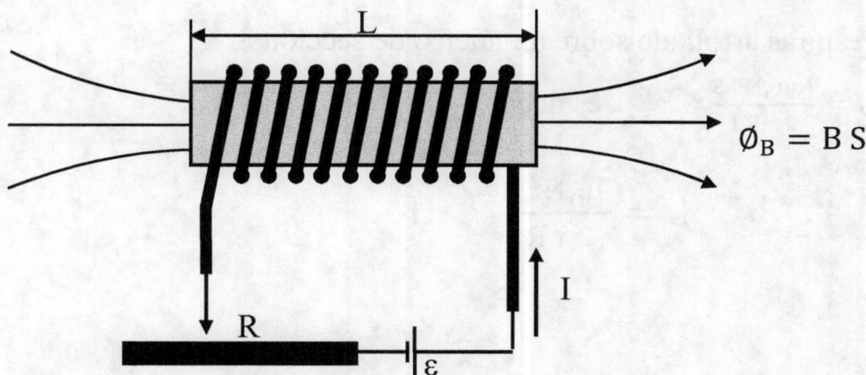

En este caso se tiene una bobina (solenoide) de N espiras por la que circula una corriente I y por lo tanto se genera un flujo de campo magnético $\varnothing_B$ proporcional a la corriente I es decir:

$$N\emptyset_B = L\,I \qquad \text{donde} \qquad L = \frac{N\emptyset_B}{I} \quad H \quad \text{(Coeficiente de auto inducción)}$$

Derivando la expresión anterior con respecto al tiempo se tiene:

$$N\frac{d\emptyset_B}{dt} = L\frac{dI}{dt} \qquad \text{es decir}$$

$$\varepsilon = -L\frac{dI}{dt} \quad V$$

L se mide en H y se representa con el símbolo: ⎯ᴍᴍ⎯

Coeficiente de Autoinducción para un Toroide

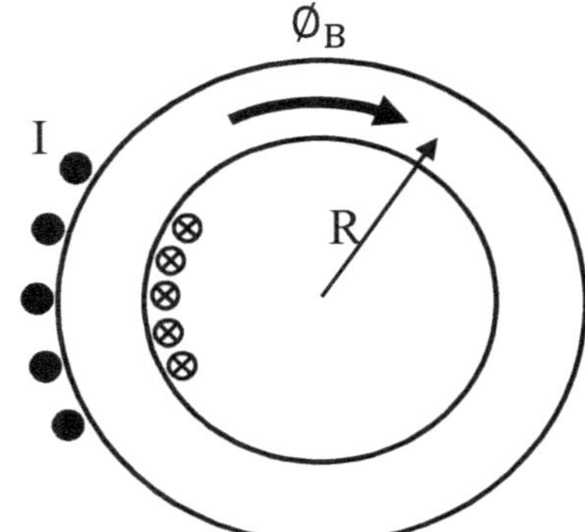

$L = 2\pi R$ (longitud media del toroide)

$$\emptyset_B = B\,S$$

Sea un toroide de N espiras arrollado sobre un núcleo de sección S.

$$L = \frac{N\emptyset_B}{I} \quad H \qquad L = \frac{N\,\mu_o N\,I\,S}{2\pi R\,I} \qquad \text{es decir}$$

$$L = \frac{\mu_o N^2\,S}{2\pi R} \qquad H$$

ENERGIA ALMACENADA EN UN CAMPO MAGNETICO

Sea el caso de un toroide, la energía del campo magnético almacenada cuando por su arrollamiento circula una corriente I se puede determinar sabiendo que:

$$L = \frac{\mu_o N^2 S}{2\pi R} \qquad y \qquad \varepsilon = -L \frac{dI}{dt}$$

La potencia desarrollada es $\quad P = \varepsilon I \quad$ es decir $\quad P = L I \frac{dI}{dt}$

Sabiendo que $\ dW = P\ dt \qquad ó \qquad dW = L\ I\ dI \qquad$ integrando

$$W = \int_0^I L\ I\ dI \qquad \text{desarrollando}$$

$$W = \frac{1}{2} L\ I^2 \qquad J$$

Energía almacenada en la inductancia cuando se establece la corriente I.

DENSIDAD DE ENERGIA EN UN CAMPO MAGNETICO

Utilizando el ejemplo anterior del toroide, se puede determinar la densidad de energía o energía por unidad de volumen del campo magnético a saber:

$$\mu_B = \frac{W}{Vol} \qquad \mu_B = \frac{L\ I^2}{4\pi R\ S} \qquad \text{ya que} \qquad W = \frac{1}{2} L\ I^2 \quad y \quad Vol = 2\pi R\ S$$

$$\text{Como} \quad L = \frac{\mu_o N^2 S}{2\pi R} \qquad \mu_B = \frac{\mu_o N^2 I^2}{2(2\pi R)^2} \qquad \text{sabiendo que} \qquad B = \frac{\mu_o N\ I}{2\pi R}$$

$$\mu_B = \frac{B^2}{2\ \mu_o} \qquad \frac{J}{m^3}$$

FENOMENOS TRANSITORIOS EN UN CIRCUITO R-L

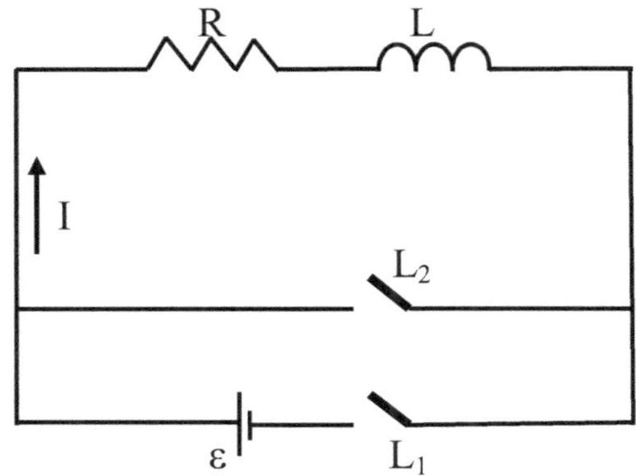

Se analiza primero el transitorio cuando se cierra la llave L_1 y comienza a circular la corriente I a través de R y L. La malla en estas condiciones queda de la siguiente forma:

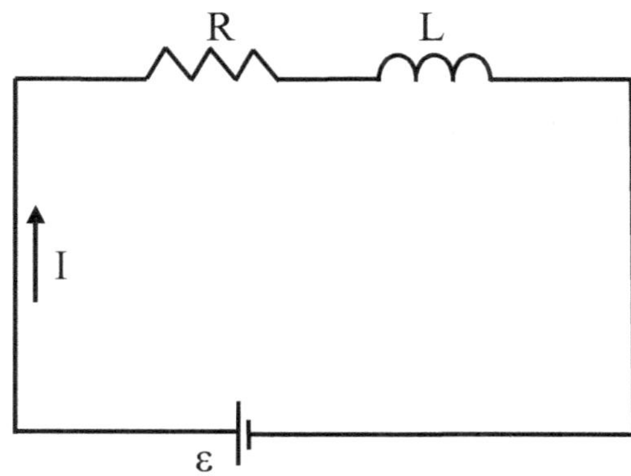

En el instante inicial:

$t = 0 \qquad I = 0$ planteando la ecuación de malla en un instante cualquiera

como $\qquad V_L = L \dfrac{di}{dt} \qquad$ y $\qquad V_R = i\,R$

$\varepsilon = L \dfrac{di}{dt} + i\,R \qquad$ planteando la ecuación diferencial

$\dfrac{di}{dt} = \dfrac{(\varepsilon - i\,R)}{L} \qquad$ ó $\qquad \dfrac{di}{(\varepsilon - i\,R)} = \dfrac{dt}{L} \qquad$ multiplicando m. a m. por R

$\dfrac{di}{\left(\frac{\varepsilon}{R} - i\right)} = \dfrac{R}{L}\,dt \qquad$ integrando y operando

$$-\ln\left(\frac{\varepsilon}{R} - i\right) = \frac{R}{L}\,t + \text{Cte} \qquad \text{para} \quad t = 0 \qquad I = 0 \qquad \text{Cte} = -\ln\left(\frac{\varepsilon}{R}\right)$$

reemplazando

$$\ln\left(\frac{\varepsilon}{R} - i\right) - \ln\left(\frac{\varepsilon}{R}\right) = -\frac{R}{L}\,t \qquad \text{ó} \qquad \ln\left(1 - \frac{i\,R}{\varepsilon}\right) = -\frac{R}{L}\,t$$

Sacando antilogaritmos

$$\left(1 - \frac{i\,R}{\varepsilon}\right) = e^{-\frac{R}{L}t} \qquad \text{despejando y ordenando}$$

$$i = \frac{\varepsilon}{R}\left(1 - e^{-\frac{R}{L}t}\right)$$

$$\tau = \frac{L}{R} \qquad \text{Constante de tiempo del circuito.}$$

Al cabo del tiempo $\tau = \frac{L}{R}$ la corriente alcanza el 63% de su valor de régimen como se puede apreciar en el grafico.

Si ahora se desconecta la f.e.m. abriendo la llave L_1 y se cierra la llave L_2 cortocircuitando el circuito través de R y L. La malla en estas condiciones queda de la siguiente forma:

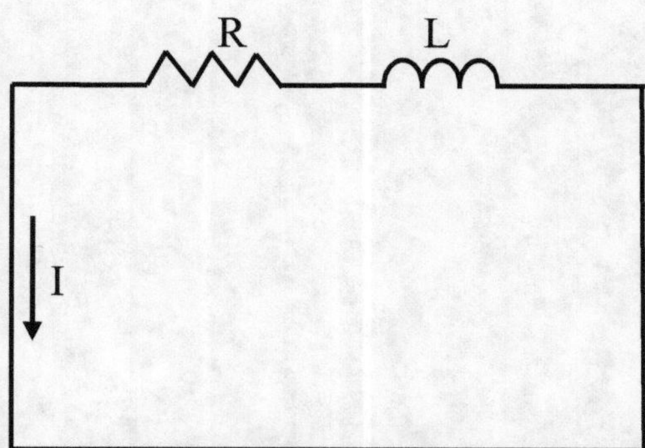

En el instante inicial:

$$t = 0 \qquad I = \frac{\varepsilon}{R} \qquad \text{planteando la ecuación de malla en un instante cualquiera}$$

como $\quad V_L = L\,\dfrac{di}{dt} \qquad y \qquad V_R = i\,R$

$0 = L\,\dfrac{di}{dt} + i\,R \qquad$ planteando la ecuación diferencial

$\dfrac{di}{i} = -\dfrac{R}{L}\,dt \qquad$ integrando y operando

$\ln i = -\dfrac{R}{L}\,t + Cte \quad$ para $\quad t = 0 \qquad I = \dfrac{\varepsilon}{R} \qquad Cte = \ln\dfrac{\varepsilon}{R} \quad$ reemplazando

$\ln i - \ln\dfrac{\varepsilon}{R} = -\dfrac{R}{L}\,t \qquad ó \qquad \ln\dfrac{i\,R}{\varepsilon} = -\dfrac{R}{L}\,t \qquad$ Sacando antilogaritmos

$\dfrac{iR}{\varepsilon} = e^{-\frac{R}{L}t} \qquad$ despejando y ordenando

$$i = \frac{\varepsilon}{R}\, e^{-\frac{R}{L}t}$$

$\tau = \dfrac{L}{R} \qquad$ Constante de tiempo del circuito.

Al cabo del tiempo $\tau = \dfrac{L}{R}$ la corriente disminuye al 37% de su valor inicial como se puede apreciar en el grafico.

.

Diagramas de Variación de Corriente en un Circuito R-L

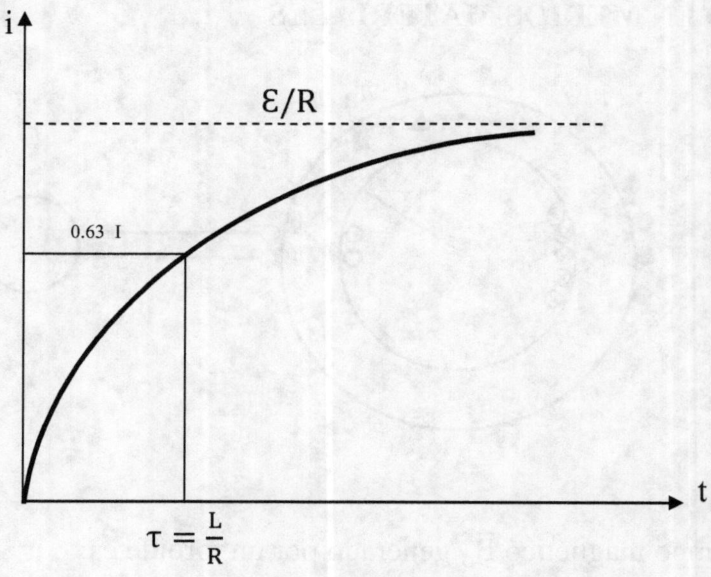

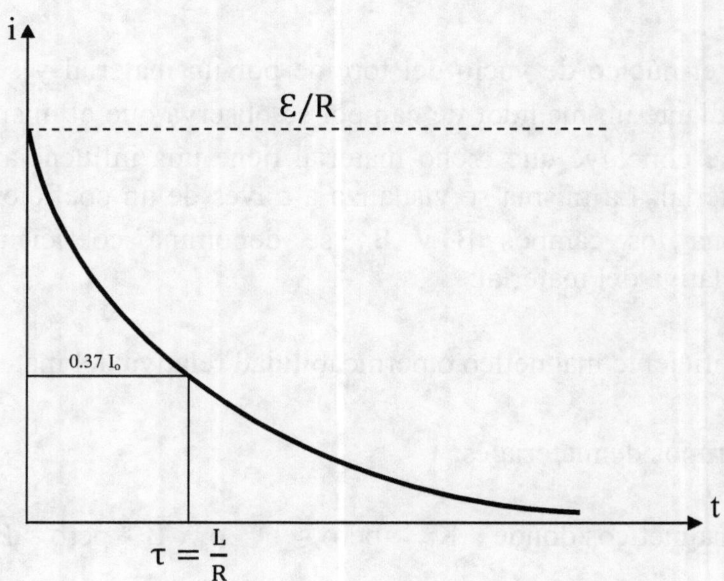

PROPIEDADES MAGNETICAS DE LA MATERIA

MAGNETISMO EN MEDIOS MATERIALES

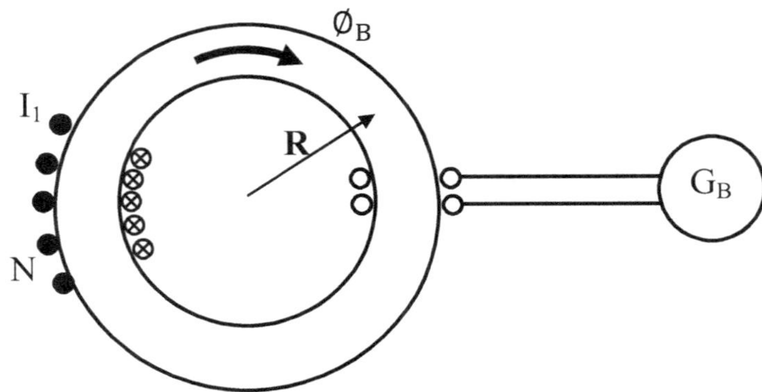

Se sabe que el campo magnético $\vec{B}_o$ generado por un toroide es:

$$B_o = \frac{\mu_o \, N \, I}{2\pi \, R} \quad T$$

Si se reemplaza el núcleo de vacío del toroide por un material y se mide el campo magnético $\vec{B}$ mediante un medidor de campo, se observa que el mismo es diferente a $\vec{B}_o$ con lo cual se concluye que dicho material tiene una influencia que depende de cada tipo de material. La misma se visualiza a través de un coeficiente adimensional K_m que relaciona los campos $\vec{B}$ y $\vec{B}_o$ se denomina coeficiente magnético o permeabilidad relativa del material:

$$K_m = \frac{B}{B_o} \qquad \text{Coeficiente magnético o permeabilidad relativa del material}$$

Surgen así tres grupos de materiales:

Materiales Paramagnéticos donde $\quad K_m > \text{pero} \approx 1 \quad$ ó $\quad \vec{B} > \text{pero} \approx \vec{B}_o$

Materiales Diamagnéticos donde $\quad K_m < \text{pero} \approx 1 \quad$ ó $\quad \vec{B} < \text{pero} \approx \vec{B}_o$

Materiales Ferromagnéticos donde $\ K_m >>> 1 \qquad$ ó $\quad \vec{B} >>> \vec{B}_o$

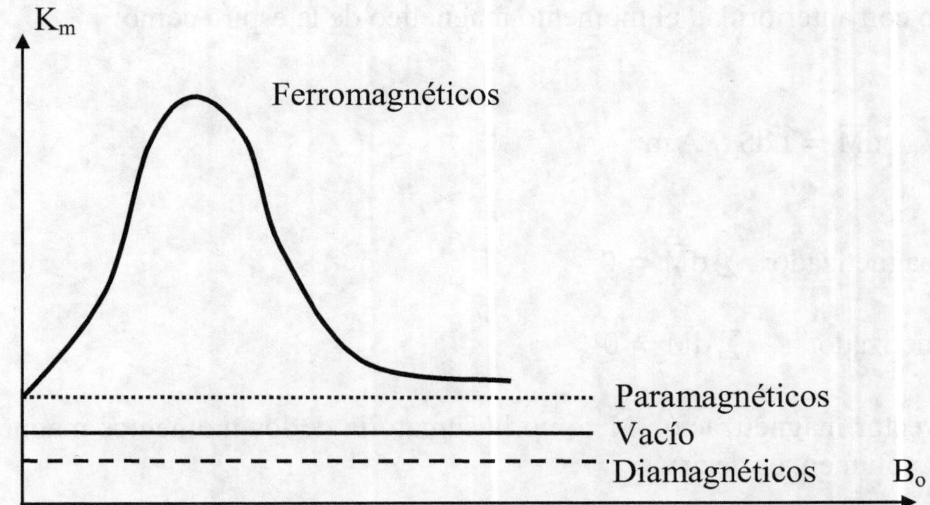

Para el caso del toroide se puede expresar:

$$B = K_m\, B_o \qquad \text{ó} \qquad B = \frac{K_m\, \mu_o\, N\, I}{2\pi\, R}$$

$\mu = K_m\, \mu_o \qquad \dfrac{Wb}{A\,m}$ Permeabilidad magnética del material. Por lo tanto:

$$B = \frac{\mu\, N\, I}{2\pi\, R} \qquad T$$

CORRIENTES AMPERIANAS (Teoría de Ampere)

Según la teoría de Ampere, en un trozo de material ferromagnético, existen muchas corrientes cerradas llamadas corrientes de magnetización con su correspondiente momento magnético. Cuando el material se encuentra desmagnetizado dichos momentos se encuentran orientados al azar, pero cuando el material se encuentra magnetizado, los mismos se orientan con el campo magnético tal como se muestra en la figura.

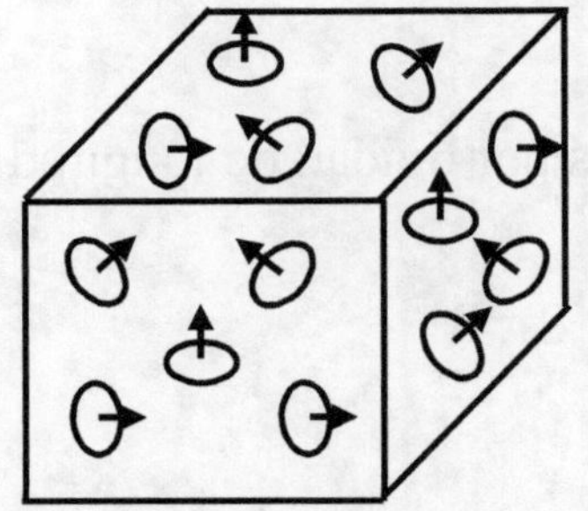

Material Desmagnetizado (sin campo $\vec{B}$)

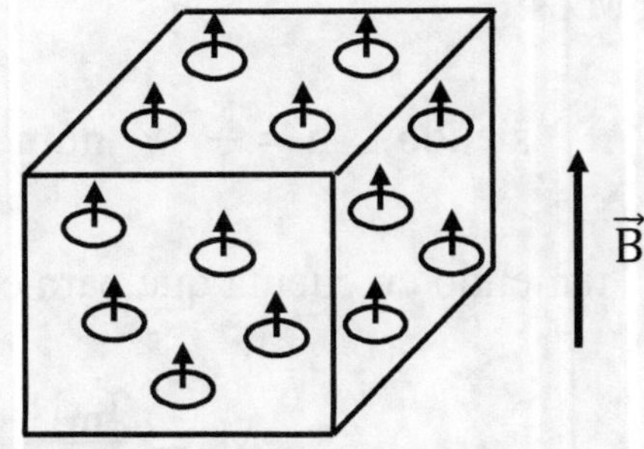

Material Magnetizado (con campo $\vec{B}$)

Se ha definido con anterioridad el momento magnético de la espira como:

$$d\vec{M} = I\,d\vec{S} \quad A\,m^2$$

Material desmagnetizado: $\sum d\vec{M} = 0$

Material magnetizado: $\sum d\vec{M} \neq 0$

Se define el vector magnetización $\vec{M}$ como la sumatoria de los momentos magnéticos por unidad de volumen, es decir:

$$\vec{M} = \sum \frac{I\,d\vec{S}}{dV} \quad \frac{A}{m}$$

Se puede analizar lo que ocurre en un trozo Δl de toroide con núcleo de material ferromagnético de sección S.

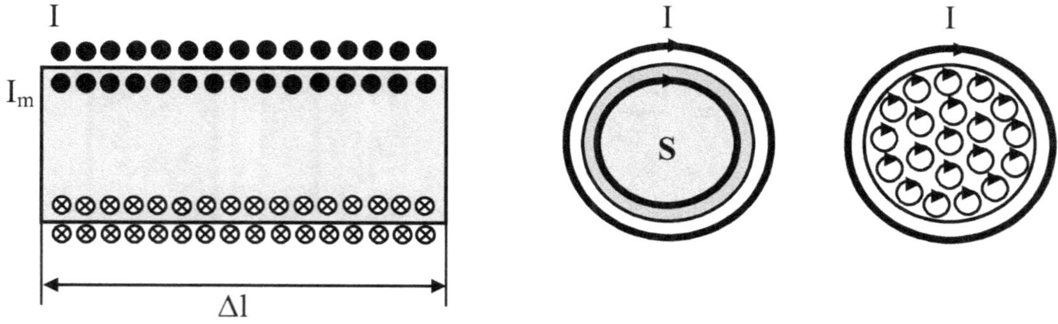

En el diagrama en corte de la derecha se puede apreciar cómo se compensan las corrientes amperianas internas dando como resultado una corriente superficial como en el diagrama en corte de la izquierda. Considerando tantas espiras amperianas o de magnetización como espiras reales en el arrollamiento del toroide, el vector magnetización $\vec{M}$ es:

$$M = \frac{I_m S\,n\,\Delta l}{S\,\Delta l} \qquad \text{siendo} \quad n = \frac{N}{l} \qquad \text{número de espiras por unidad de longitud}$$

$$M = \frac{I_m N}{l} \qquad \text{teniendo en cuenta que para este caso } l = 2\pi R$$

$$M = \frac{I_m N}{2\pi R} \qquad \frac{A\,v}{m}$$

VECTOR EXCITACIÓN MAGNETICA

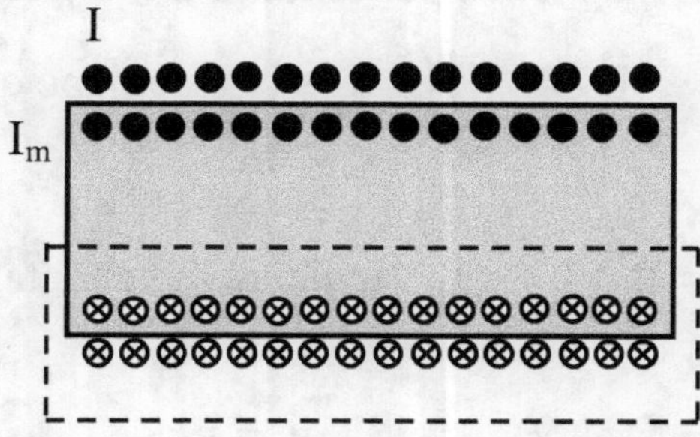

Planteando la Ley de Ampere para el campo $\vec{B}$ en todo el toroide se tiene:

$$\oint_l \vec{B}.d\vec{l} = \mu_o(NI + NI_m) \qquad \text{ó} \qquad \oint_l \vec{B}.d\vec{l} = \mu_o N(I + I_m)$$

De la expresión del vector magnetización se puede deducir:

$$I_m N = M\, 2\pi\, R \qquad \text{ó} \qquad I_m N = \oint_l \vec{M}.d\vec{l} \qquad \text{reemplazando}$$

$$\oint_l \vec{B}.d\vec{l} = \mu_o NI + \mu_o \oint_l \vec{M}.d\vec{l} \qquad \text{pasando términos}$$

$$\oint_l \left(\frac{\vec{B}}{\mu_o} - \vec{M}\right).d\vec{l} = NI \qquad \text{al término entre paréntesis se lo define como}$$

$$\vec{H} = \left(\frac{\vec{B}}{\mu_o} - \vec{M}\right) \quad \frac{A\,v}{m} \qquad \text{Vector Excitación Magnética. Luego}$$

$$\oint_l \vec{H}.d\vec{l} = NI \qquad \text{Ley de Ampere para el campo } \vec{H}$$

La circuitación del campo $\vec{H}$ a través de una trayectoria cerrada, es proporcional a las corrientes de conducción que atraviesan el área encerrada por dicha circuitación.
Si se aplica la ley de Ampere del campo $\vec{H}$ al toroide se determina para este caso que:

$$H = \frac{N\,I}{2\pi\,R} \qquad \frac{A\,v}{m}$$

Se define $\quad \chi = \dfrac{M}{H}\quad$ susceptibilidad magnética por lo tanto $\;M = \chi\,H$

como $\;\vec{B} = \mu_o\vec{H} + \mu_o\vec{M}\qquad$ ó $\qquad \vec{B} = \mu_o\vec{H}\left(1 + \dfrac{\vec{M}}{\vec{H}}\right)\quad$ se tiene que

$$\vec{B} = \vec{B}_o\left(1 + \dfrac{\vec{M}}{\vec{H}}\right)\qquad \text{ó} \qquad \vec{B} = \vec{B}_o(1 + \chi)\quad \text{teniendo en cuenta que}$$

$$\vec{B} = K_m\,\vec{B}_o \qquad \text{entonces} \qquad K_m = (1 + \chi) \qquad \text{si} \qquad \mu = \mu_o K_m \qquad \text{ó} \qquad \mu = \mu_o(1 + \chi)$$

$$\chi = \dfrac{\mu}{\mu_o} - 1 \qquad \text{Adimensional}$$

CURVAS CARACTERISTICAS DE MATERIALES FERROMAGNETICOS

Si el núcleo de un toroide es de material ferromagnético cuando se incrementa el valor de $\vec{H}$ (aumentando I) también crece $\vec{B}$, pero no lo hace linealmente sino siguiendo una curva como la siguiente. $\vec{B}$ y μ en función de $\vec{H}$.

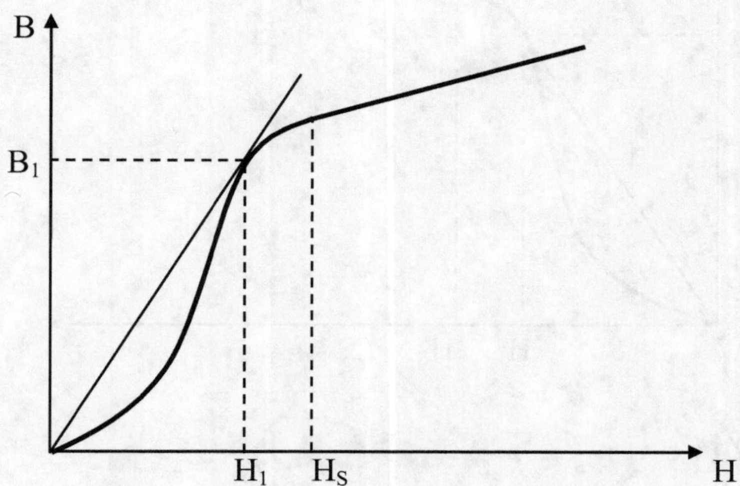

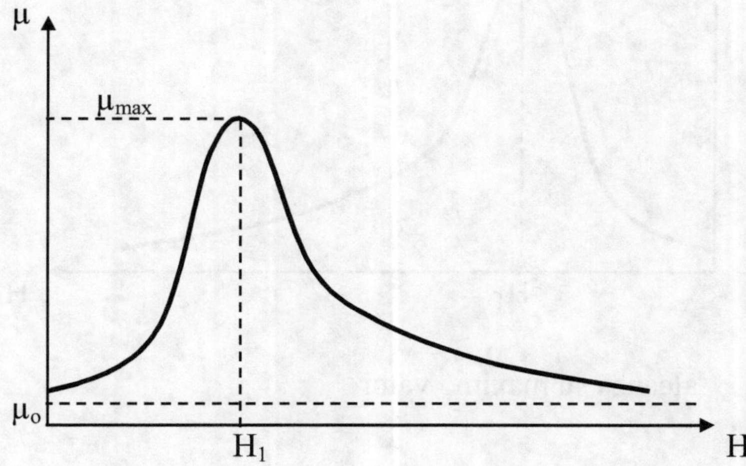

Para un valor de H_1 μ alcanza su máximo valor

$$\mu_{max} = \frac{B_1}{H_1}$$

Para un valor H_S se dice que el material está saturado, a partir de allí $\vec{B}$ crece linealmente con $\vec{H}$, ya no hay aporte de $\vec{M}$.

También se puede graficar $\vec{M}$ y χ en función de $\vec{H}$.

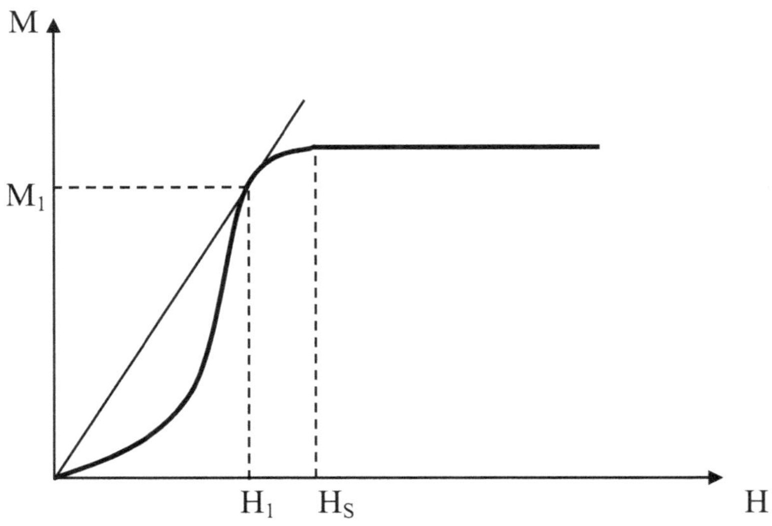

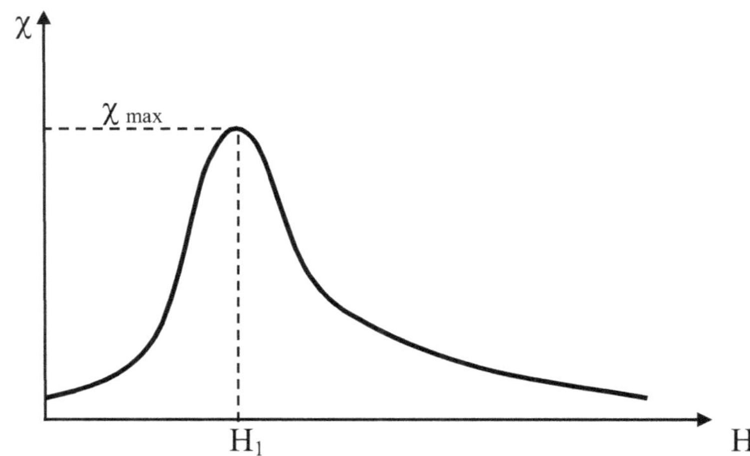

Para un valor de H_1 χ alcanza su máximo valor

$$\chi_{max} = \frac{M_1}{H_1}$$

CICLO DE HISTERESIS

Si el arrollamiento de un toroide se alimenta con una corriente alterna, el campo $\vec{H}$ también varía de la misma manera entre los valores máximos H_1 y $-H_1$. Si el núcleo del toroide es de material ferromagnético el campo $\vec{B}$ varía formando un ciclo cerrado llamado lazo o ciclo de histéresis. Este ciclo es similar para todos los materiales ferromagnéticos, difieren sus valores de B_r y el área de cada ciclo.

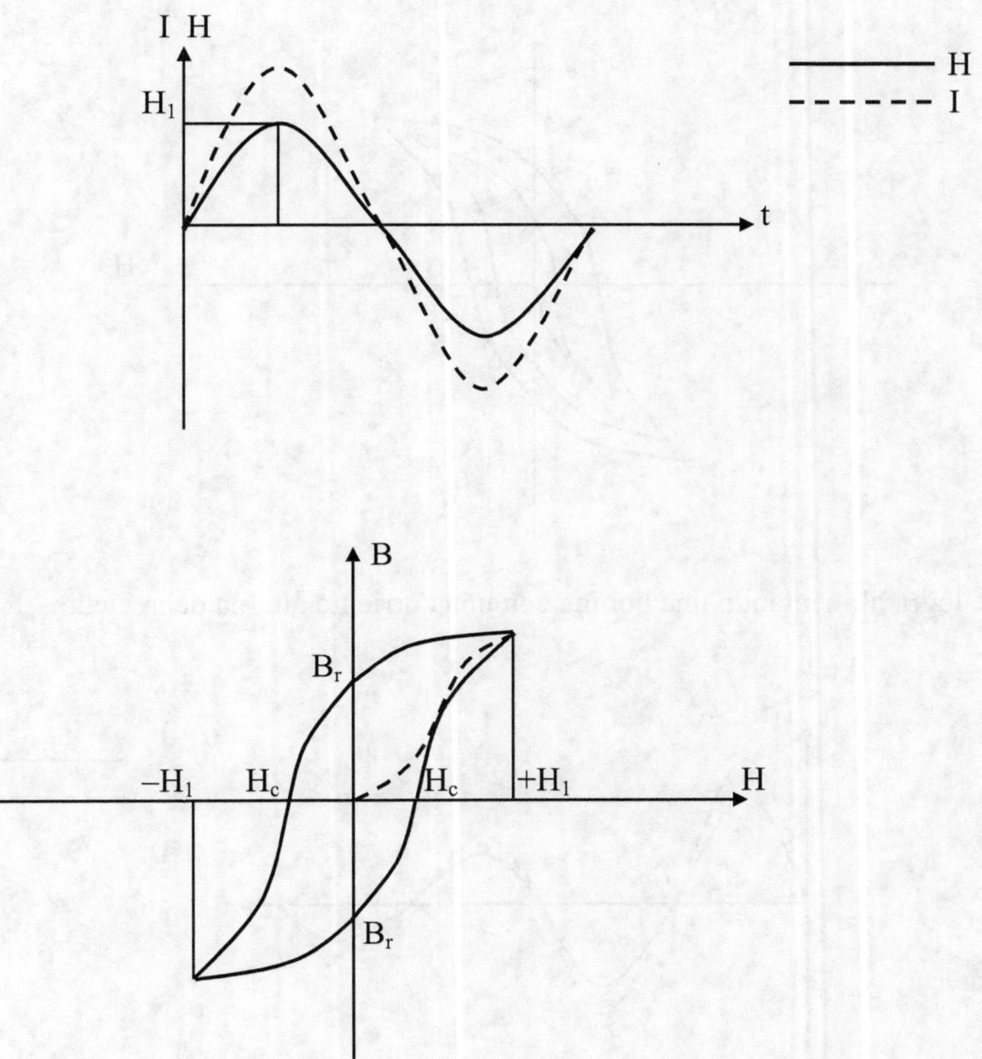

B_r es el campo remanente que resta en el material luego de que $\vec{H}$ se anula.
H_c es la excitación coercitiva, es decir el valor de $\vec{H}$ para el cual $\vec{B}$ se anula.

Se puede demostrar en forma sencilla que el área del ciclo representa la energía por unidad de volumen disipada en cada ciclo, mediante un análisis de unidades.

$$\int \vec{B}.\,d\vec{H} = \int \vec{H}.\,d\vec{B} \qquad \text{es decir} \quad B\,.\,H \qquad \frac{A}{m}\ \frac{N}{A\,m} = \frac{J}{m^3}$$

La desmagnetización de un material magnetizado se realiza sometiendo dicho material a un ciclo de histéresis decreciente.

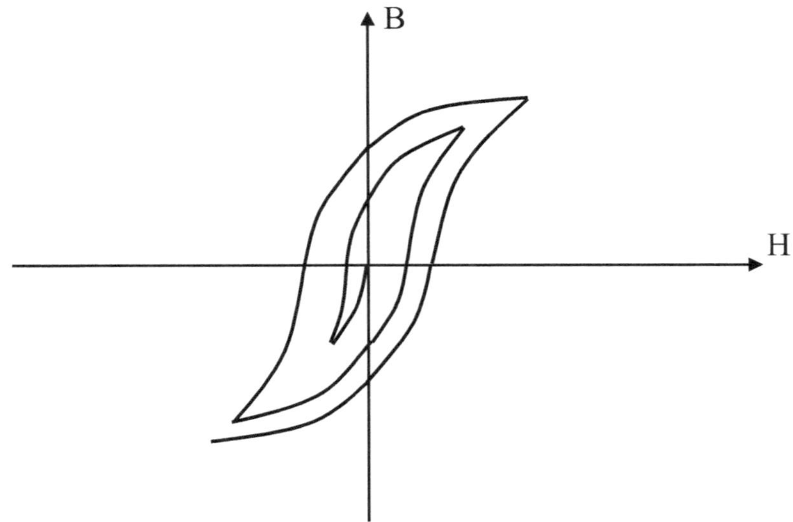

Esto se logra alimentando una bobina con una corriente alterna decreciente.

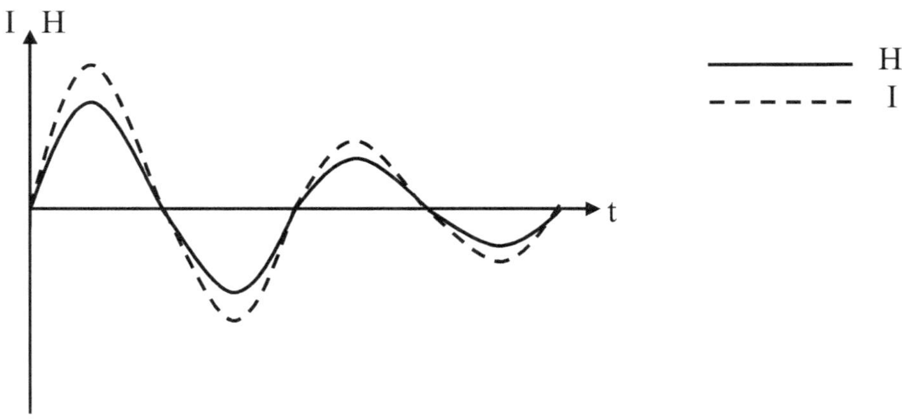

CIRCUITOS MAGNETICOS – LEY DE HOPKINSON

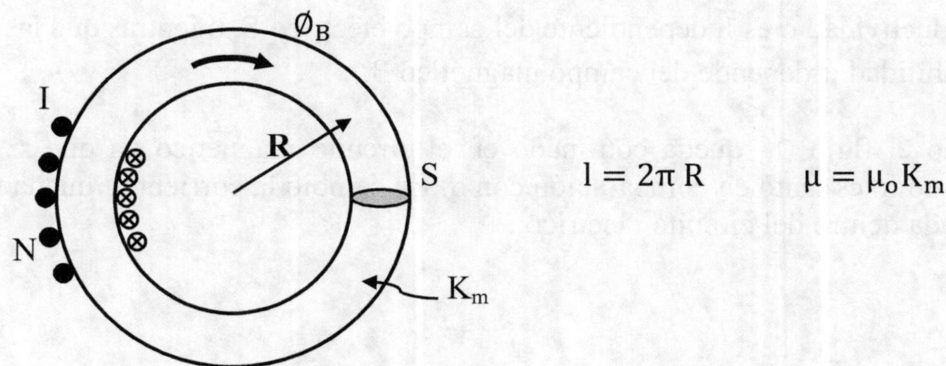

Si se tiene un toroide con núcleo de un material ferromagnético de coeficiente K_m de sección S constante y longitud media del núcleo l, alimentado por una corriente I. El flujo de campo magnético es:

$$\emptyset_B = B\,S \qquad \text{sabiendo que} \qquad B = \frac{\mu_o\,K_m N\,I}{l} \qquad \emptyset_B = \frac{\mu_o\,K_m N\,I\,S}{l}$$

Reordenando y teniendo en cuenta que $\mu = \mu_o K_m$ se puede expresar que :

$$\emptyset_B = \frac{N\,I}{\frac{l}{\mu S}} \quad \text{Wb} \quad \text{al término}$$

$$\mathcal{R} = \frac{l}{\mu S} \qquad \text{se lo denomina reluctancia del circuito magnético.}$$

Luego se puede expresar la Ley de Hopkinson como:

$$\emptyset_B = \frac{N\,I}{\mathcal{R}} \quad \text{Wb} \qquad \text{Ley de Hopkinson}$$

Existen similitudes y diferencias entre la ley de Hopkinson de los circuitos magnéticos y la Ley de Ohm de los circuitos eléctricos a saber:

Ley de Hopkinson $\quad \emptyset_B = \frac{N\,I}{\mathcal{R}} \quad$ Wb $\qquad$ Ley de Ohm $\quad I = \frac{\varepsilon}{R} \quad$ A

Las dos leyes tienen una estructura similar.

El flujo $\emptyset_B$ en los circuitos magnéticos representa la corriente I de los circuitos eléctricos.

El flujo $\emptyset_B$ no implica movimiento de partículas, mientras que la corriente I sí.

La conductividad σ es independiente del campo eléctrico $\vec{E}$, mientras que la permeabilidad μ depende del campo magnético $\vec{B}$.

No todo el flujo $\emptyset_B$ queda confinado en el circuito magnético ya que si bien μ es grande no lo es tanto en comparación con σ. En cambio la corriente I queda totalmente confinada dentro del circuito eléctrico.

Circuito Magnético en Serie

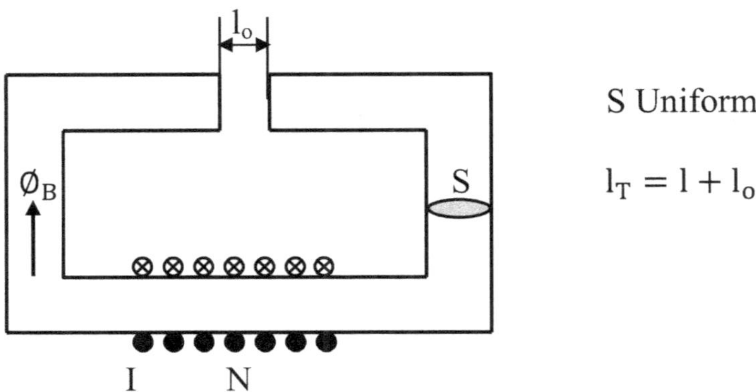

La reluctancia en el entrehierro (aire) es: $\quad \mathcal{R}_o = \dfrac{l_o}{\mu_o S}$

La reluctancia en el material es: $\quad \mathcal{R} = \dfrac{l}{\mu\, S}$

La reluctancia total es: $\quad \mathcal{R}_T = \mathcal{R}_o + \mathcal{R} \qquad$ y en general:

$$\mathcal{R}_T = \sum_{i=1}^{n} \mathcal{R}_i$$

La reluctancia total es igual a la suma de las reluctancias individuales.

Circuito Magnético en Paralelo

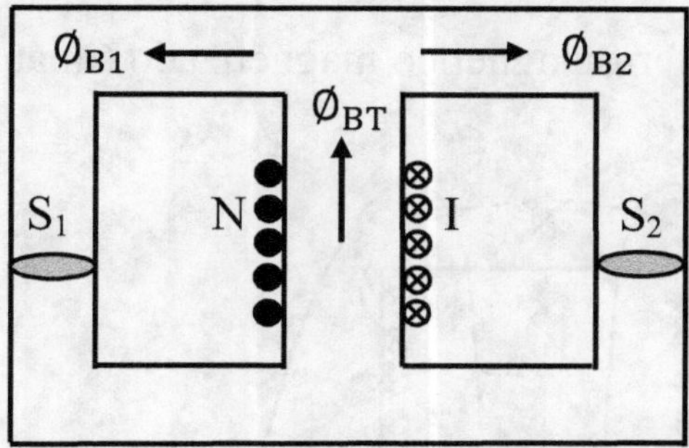

En este caso se tienen dos reluctancias en paralelo: $\mathcal{R}_1 = \dfrac{l_1}{\mu_1 S_1}$ y $\mathcal{R}_2 = \dfrac{l_2}{\mu_2 S_2}$

La inversa de la reluctancia total es: $\dfrac{1}{\mathcal{R}_T} = \dfrac{1}{\mathcal{R}_1} + \dfrac{1}{\mathcal{R}_2}$ y en general:

$$\frac{1}{\mathcal{R}_T} = \sum_{i=1}^{n} \frac{1}{\mathcal{R}_i}$$

La inversa de la reluctancia total es igual a la suma de las inversas de las reluctancias individuales.

CAMPOS $\vec{B}$ - $\vec{H}$ y $\vec{M}$ EN UN IMAN PERMANENTE

Si se tiene una barra de material ferromagnético magnetizado (imán permanente).

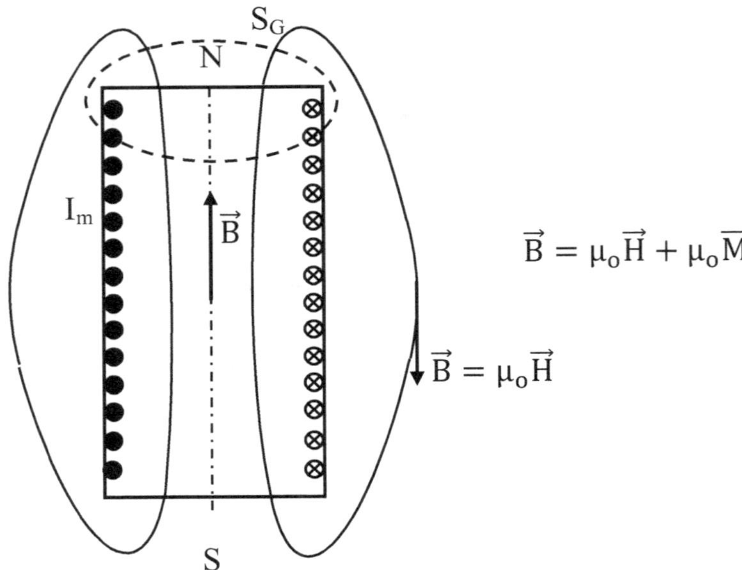

Planteando la Ley de Gauss del campo $\vec{B}$ a través de una superficie cerrada se sabe que el flujo resultante es nulo.

$$\oiint_S \vec{B}.d\vec{S} = 0 \qquad \oiint_S \left(\mu_o\vec{H} + \mu_o\vec{M}\right).d\vec{S} = 0 \qquad \oiint_S \mu_o\vec{H}.d\vec{S} = -\oiint_S \mu_o\vec{M}.d\vec{S} \neq 0$$

Planteando la Ley de Ampere del campo $\vec{H}$ a través de una circuitación cerrada, que por comodidad es una línea de campo, se tiene:

$$\oint_l \vec{H}.d\vec{l} = 0 \qquad \text{ya que no hay corrientes de conducción, es decir: } NI = 0$$

Para que ello se cumpla, la circuitación externa es positiva mientras que la interna es negativa.

Como el campo magnético cumple con la expresión:

$\vec{B} = \mu_o\vec{H} + \mu_o\vec{M}$ en el interior del imán el sentido de $\vec{H}$ es opuesto al de $\vec{B}$

En la parte exterior del imán al ser $\vec{M} = 0$ ($\vec{M}$ sólo existe en el material)

$$\vec{B} = \mu_o \vec{H}$$ en este caso el sentido de $\vec{H}$ es igual al de $\vec{B}$

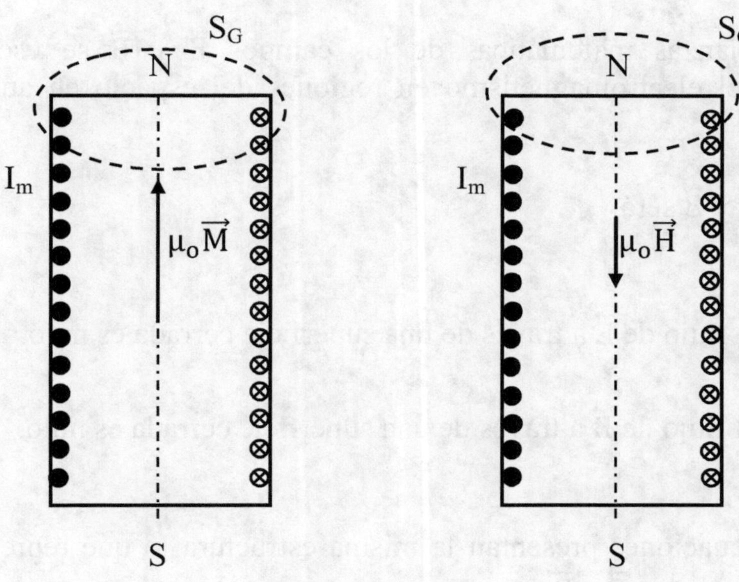

Como se puede apreciar, se cumplen ambas leyes, siendo $\vec{H}$ de igual sentido a $\vec{B}$ en la parte externa del imán y de sentido contrario en el interior del mismo.

ECUACIONES DE MAXWELL

ECUACIONES BASICAS DEL ELECTROMAGNETISMO

Para captar las semejanzas matemáticas de los campos $\vec{E}$ y $\vec{B}$ se escriben las propiedades básicas del electromagnetismo en regiones del espacio en ausencia de cargas y corrientes.

La ley de Gauss para $\vec{E}$ y $\vec{B}$ será:

$$\oiint_S \vec{E}.d\vec{S} = 0 \qquad 1 \quad \text{El flujo de } \vec{E} \text{ a través de una superficie cerrada es nulo.}$$

$$\oiint_S \vec{B}.d\vec{S} = 0 \qquad 2 \quad \text{El flujo de } \vec{B} \text{ a través de una superficie cerrada es nulo.}$$

Como se ve las dos ecuaciones presentan la misma estructura lo que representa una gran simetría entre los campos $\vec{E}$ y $\vec{B}$.

Aplicando la Ley de Faraday y de Ampere a una circuitación cerrada, se tiene:

$$\oint_l \vec{E}.d\vec{l} = -\frac{d\phi_B}{dt} \qquad 3 \quad \text{Un campo } \vec{B} \text{ variable genera un campo } \vec{E}.$$

$$\oint_l \vec{B}.d\vec{l} = 0 \qquad 4 \quad \text{La circuitación es nula ya que no hay corrientes que atraviesan el área encerrada por la espira.}$$

Maxwell se preguntó si así como un campo magnético variable genera un campo eléctrico, es posible que un campo eléctrico variable genere un campo magnético.
La respuesta a dicha pregunta fue el gran aporte de Maxwell, ya que le permitió adicionar un término a la ecuación 4 en la parte derecha, el cual es la causa de las ondas electromagnéticas.
Pocos años después Hertz descubrió las ondas electromagnéticas por medios experimentales y confirmó la teoría y las predicciones hechas por Maxwell.

CORRIENTE DE DESPLAZAMIENTO

Si se analiza el comportamiento de un capacitor durante su proceso de carga se tiene:

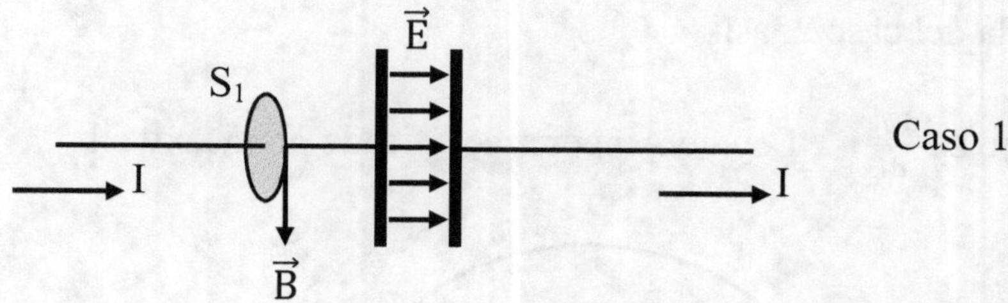

Como se ve durante el proceso de carga del capacitor, por los conductores circula la corriente I (creciente), el capacitor se carga y dentro del mismo se genera un campo $\vec{E}$ que es creciente. Si se aplica la Ley de Ampere a la espira cuya área encerrada es S_1 se tiene:

$$\oint_1 \vec{B}.d\vec{l} = \mu_o I$$ La corriente I atraviesa el área S_1 encerrada por la espira.

Si ahora la superficie de la espira se estira de manera que quede en medio de las placas del capacitor S_2 la corriente I ya no atraviesa el área encerrada por la espira S_2 lo cual invalida la Ley de Ampere. Parecería que la misma está supeditada a los caprichos de la forma de la superficie encerrada por la espira.

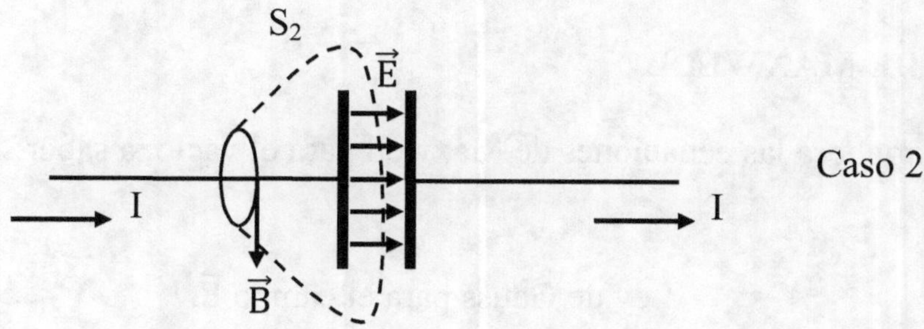

Sabiendo que el campo eléctrico $\vec{E}$ dentro del capacitor es:

$$E = \frac{\sigma}{\varepsilon_o} \quad \text{y que} \quad \sigma = \frac{q}{S} \quad \text{despejando términos} \quad q = \varepsilon_o\, E\, S \quad \text{ó} \quad q = \varepsilon_o\, \emptyset_E$$

Derivando esta expresión con respecto al tiempo se tiene:

$$\frac{dq}{dt} = \varepsilon_o \frac{d\emptyset_E}{dt} \quad \text{y teniendo en cuenta que} \quad I = \frac{dq}{dt}$$

$$I_D = \varepsilon_o \frac{d\emptyset_E}{dt}$$ Corriente de desplazamiento

Si se incorpora este término en la Ley de Ampere, esta queda completa y satisface situaciones como la del caso 2, así:

$$\oint \vec{B}.\,d\vec{l} = \mu_o I + \mu_o \varepsilon_o \frac{d\emptyset_E}{dt}$$ Ley de Ampere modificada por Maxwell

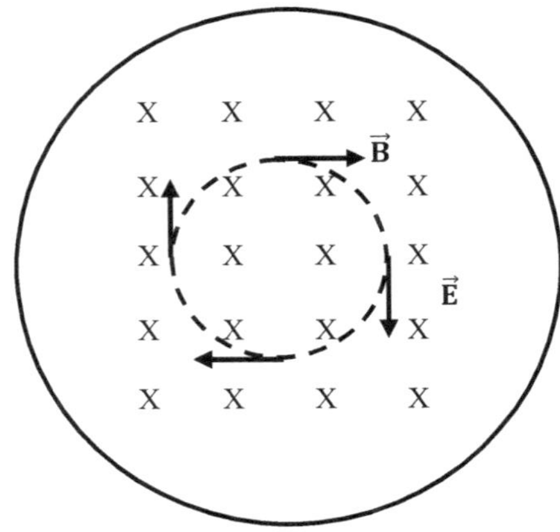

Aquí se puede apreciar cómo se genera el campo $\vec{B}$ dentro del capacitor del caso 2 por acción del campo $\vec{E}$ creciente.

ECUACIONES DE MAXWELL

Se pueden plantear ahora las ecuaciones de Maxwell para el vacío, a saber:

$$\oiint_S \vec{E}.\,d\vec{S} = \frac{q}{\varepsilon_o}$$ Ley de Gauss para el campo $\vec{E}$.

$$\oiint_S \vec{B}.\,d\vec{S} = 0$$ Ley de Gauss para el campo $\vec{B}$

$$\oint \vec{E}.\,d\vec{l} = -\frac{d\emptyset_B}{dt}$$ Ley de Faraday – Lenz .

$$\oint \vec{B}.\,d\vec{l} = \mu_o I + \mu_o \varepsilon_o \frac{d\emptyset_E}{dt}$$ Ley de Ampere modificada por Maxwell.

Simetría:

Se puede apreciar claramente la gran simetría entre los dos grupos de ecuaciones.

Ondas Electromagnéticas:

Las cuatro ecuaciones ya se conocían antes de las predicciones hechas por Maxwell, este adicionó el término de la corriente de desplazamiento en la cuarta ecuación.

Las ondas electromagnéticas fueron predichas por Maxwell y descubiertas por Hertz 15 años después.

Validez:

Las ecuaciones de Maxwell son compatibles con la Teoría de la Relatividad, es decir tienen validez aún a velocidades cercanas a la de la luz.

ECUACIONES DE MAXWELL EN FORMA DIFERENCIAL

Para poder expresar las ecuaciones de Maxwell en forma diferencial hay que valerse de algunos conceptos previos tales como:

Divergencia de un Campo Vectorial

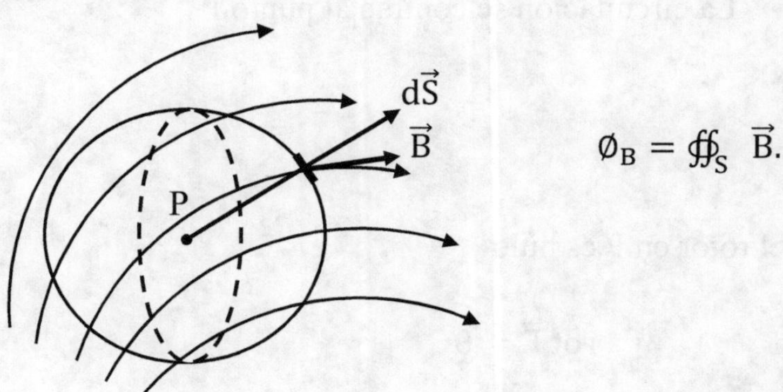

$$\emptyset_B = \oiint_S \vec{B}.d\vec{S}$$

Sea una esfera con centro en P inmersa en un campo vectorial $\vec{B}$.

Se define la divergencia del campo $\vec{B}$ como:

$$\text{div }\vec{B} = \lim_{\Delta V \to 0} \frac{\oiint_S \vec{B}.d\vec{S}}{\Delta V} \qquad \text{La esfera se contrae al punto P.}$$

Si las líneas de campo entran y salen, es decir el flujo entrante es igual al saliente, entonces:

$$\text{div } B = 0$$

Si en todo punto del campo la divergencia es cero, entonces se puede decir que el campo es solenoidal.

Rotor en un Campo Vectorial

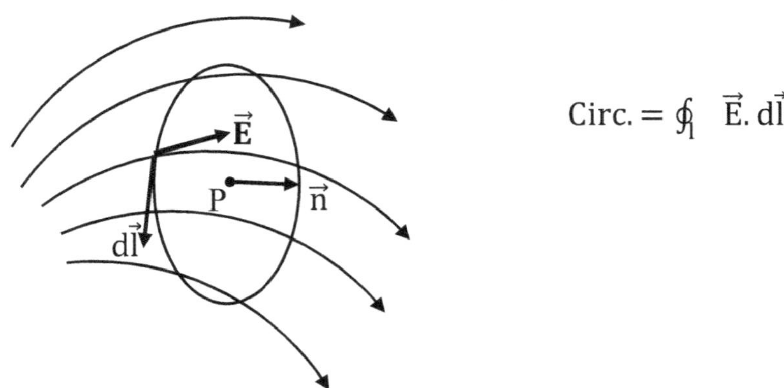

$$\text{Circ.} = \oint_l \vec{E}.\,\vec{dl}$$

Sea una circuitación con centro en P inmersa en un campo vectorial $\vec{E}$.
Se define el rotor del campo $\vec{E}$ como:

$$\text{rot } \vec{E} = \lim_{\Delta S \to 0} \frac{\oint_l \vec{E}.\vec{dl}}{\Delta S}$$ La circuitación se contrae al punto P.

Si la circuitación es nula:

$$\oint_l \vec{E}.\,\vec{dl} = 0$$ entonces el rotor en P es nulo

$$\text{rot } \vec{E} = 0$$

Si en todo punto del campo el rotor es cero, entonces se puede decir que el campo es irrotacional o conservativo.

Teorema de Gauss-Ostrogradsky

De la definición de divergencia se tiene que:

$$\oiint_S \vec{B}.\,\vec{dS} = \iiint_V \text{div } \vec{B}.\,dv$$

Teorema de Stokes

De la definición de rotor se tiene que:

$$\oint_l \vec{E}.\,d\vec{l} = \iint_S rot\,\vec{E}.\,d\vec{S}$$

Haciendo uso de las herramientas antes descriptas se puede plantear:

$$\varepsilon_o \oiint_S \vec{E}.\,d\vec{S} = \iiint_v \rho.\,dv \qquad \text{siendo } \rho \text{ la densidad volumétrica de carga.}$$

De acuerdo al Teorema de Gauss-Ostrogradsky

$$\varepsilon_o \iiint_v div\,\vec{E}.\,dv = \iiint_v \rho.\,dv \qquad \text{con lo cual}$$

$$\varepsilon_o div\,\vec{E} = \rho \qquad \text{1° Ecuación de Maxwell en forma diferencial}$$

$$\oiint_S \vec{B}.\,d\vec{S} = 0$$

De acuerdo al Teorema de Gasuss-Ostrogradsky

$$\iiint_v div\,\vec{B}.\,dv = 0 \qquad \text{con lo cual}$$

$$div\,\vec{B} = 0 \qquad \text{2° Ecuación de Maxwell en forma diferencial}$$

$$\oint_l \vec{E}.\,d\vec{l} = -\frac{d \iint_S \vec{B}.d\vec{S}}{dt} \qquad \text{ó} \qquad \oint_l \vec{E}.\,d\vec{l} = -\iint_S \frac{\partial \vec{B}}{\partial t}.\,d\vec{S}$$

De acuerdo al Teorema de Stokes

$$\iint_S \text{rot}\,\vec{E}.\,d\vec{S} = -\iint_S \frac{\partial \vec{B}}{\partial t}.\,d\vec{S} \quad \text{con lo cual}$$

$$\text{rot}\,\vec{E} = -\frac{\partial \vec{B}}{\partial t} \qquad 3° \text{ Ecuación de Maxwell en forma diferencial}$$

$$\oint_l \vec{B}.\,d\vec{l} = \mu_o \iint_S \vec{j}_c.\,d\vec{S} + \mu_o \varepsilon_o \frac{d \iint_S \vec{E}.d\vec{S}}{dt} \qquad \text{ó}$$

$$\frac{1}{\mu_o} \oint_l \vec{B}.\,d\vec{l} = \iint_S \vec{j}_c.\,d\vec{S} + \varepsilon_o \iint_S \frac{\partial \vec{E}}{\partial t}.\,d\vec{S} \qquad \text{agrupando}$$

$$\frac{1}{\mu_o} \oint_l \vec{B}.\,d\vec{l} = \iint_S \left(\vec{j}_c + \varepsilon_o \frac{\partial \vec{E}}{\partial t}\right).\,d\vec{S}$$

De acuerdo al Teorema de Stokes

$$\frac{1}{\mu_o} \iint_S \text{rot}\,\vec{B}.\,d\vec{S} = \iint_S \left(\vec{j}_c + \varepsilon_o \frac{\partial \vec{E}}{\partial t}\right).\,d\vec{S} \quad \text{con lo cual}$$

$$\frac{1}{\mu_o} \text{rot}\,\vec{B} = \vec{j}_c + \varepsilon_o \frac{\partial \vec{E}}{\partial t} \qquad 4° \text{ Ecuación de Maxwell en forma diferencial}$$

CORRIENTE ALTERNA

GENERACION DE UNA TENSION ALTERNA

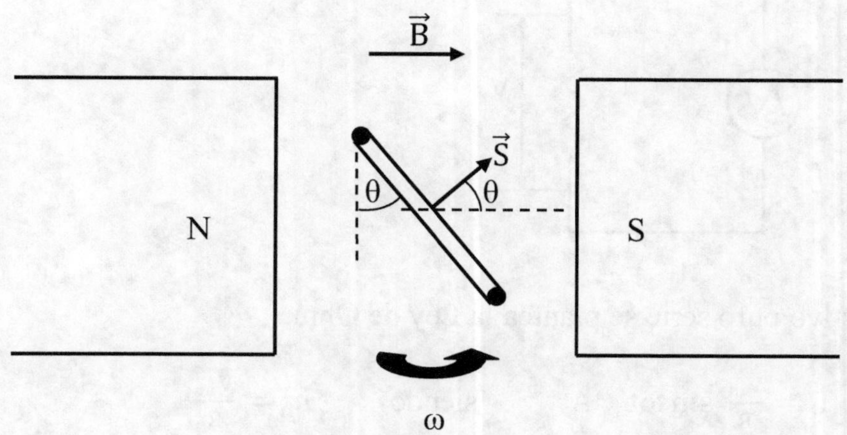

Una bobina plana de N espiras gira inmersa dentro de un campo magnético uniforme $\vec{B}$ con velocidad angular ω. El flujo del campo magnético $\emptyset_B$ a través de la bobina es variable lo cual genera una f.e.m. inducida por aplicación de la Ley de Faraday a saber:

$$\emptyset_B = B\,S\cos\theta \qquad \text{como} \qquad \theta = \omega t \implies \qquad \emptyset_B = B\,S\cos\omega t$$

$$\varepsilon = -N\frac{d\emptyset_B}{dt} \qquad \text{por lo tanto} \quad \varepsilon = N\,B\,S\,\omega\sin\omega t \qquad \text{si} \qquad \varepsilon_{max} = N\,B\,S\,\omega$$

$$\varepsilon = \varepsilon_{max}\sin\omega t \quad V \qquad \text{aunque en electrotecnia se utiliza mas la siguiente expresión:}$$

$$V_t = V_{max}\sin\omega t \qquad V$$

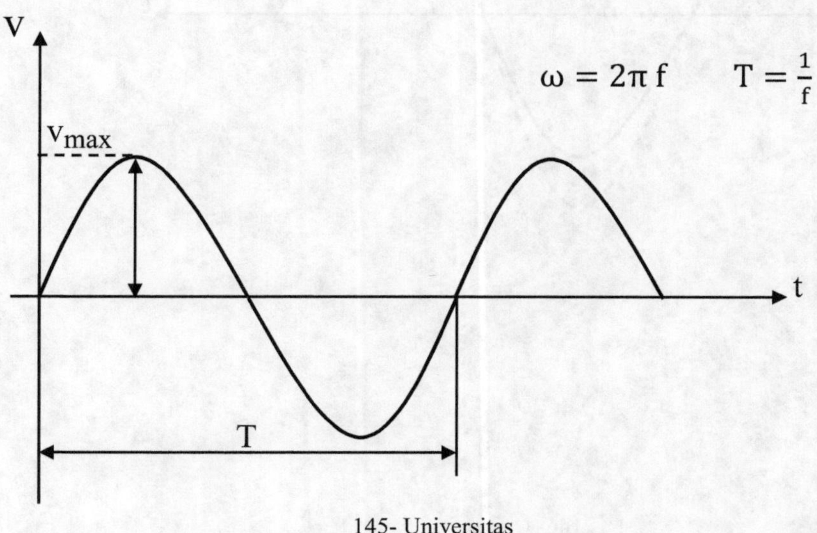

$$\omega = 2\pi f \qquad T = \frac{1}{f}$$

CIRCUITO RESISTIVO PURO

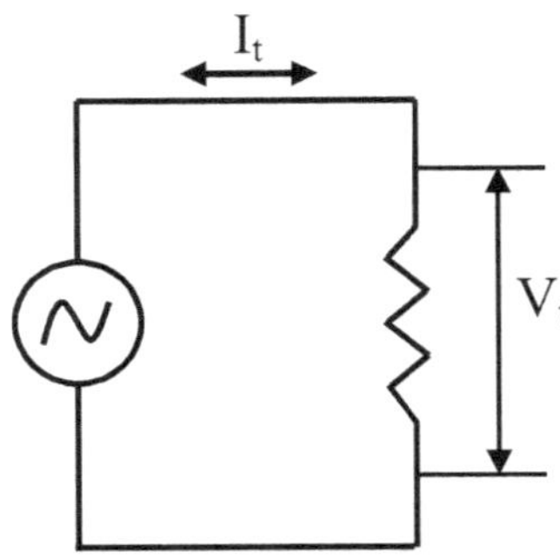

En un circuito resistivo puro serie se plantea la Ley de Ohm.

$$I_t = \frac{V_t}{R} \qquad I_t = \frac{V_m}{R} \sin \omega t \quad A \qquad \text{siendo} \qquad I_m = \frac{V_m}{R}$$

$$I_t = I_m \sin \omega t \quad A$$

La corriente está en fase con la tensión.

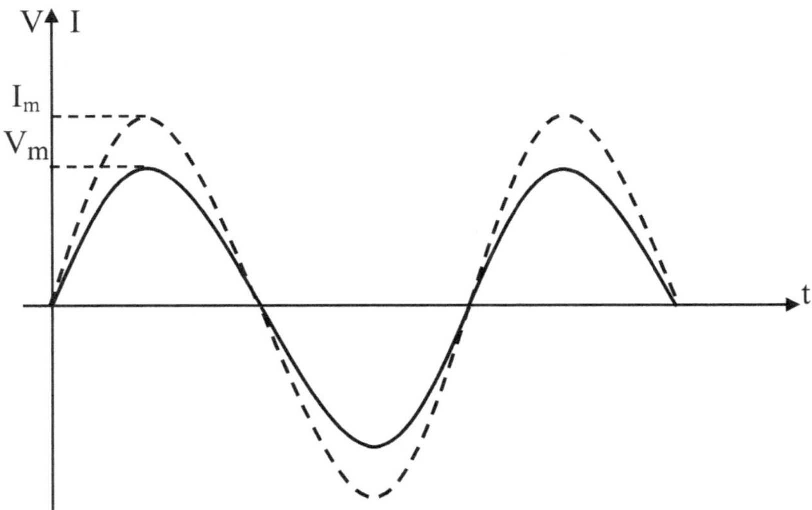

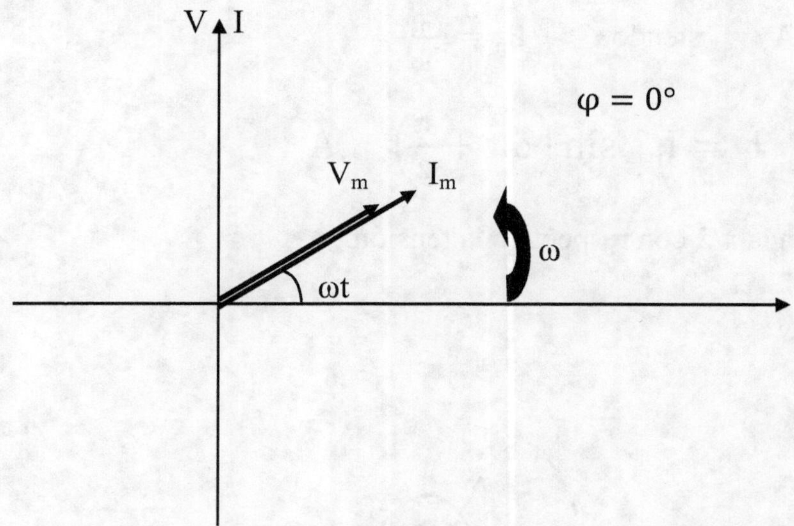

El gráfico de vectores rotativos permite observar claramente el ángulo de desfase $\varphi = 0$ entre V_m e I_m. La proyección de los vectores rotatorios sobre el eje vertical da el valor instantáneo tanto de la corriente como de la tensión.

CIRCUITO CAPACITIVO PURO

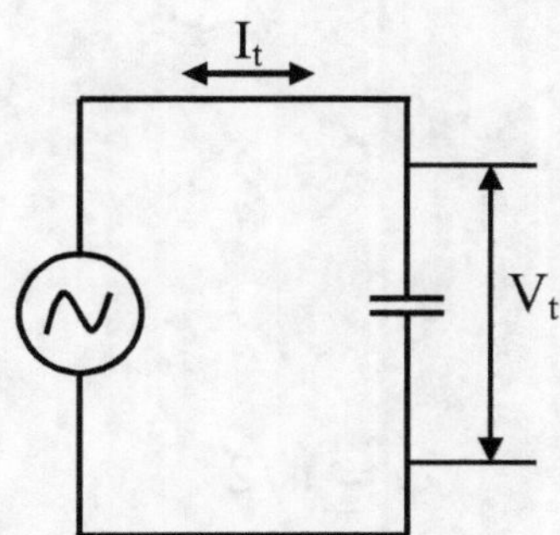

En un circuito capacitivo puro serie se sabe que:

$$C = \frac{q_t}{v_t} \qquad \text{por lo tanto} \qquad q_t = C\,V_t \qquad \text{o sea} \qquad q_t = C\,V_m \sin \omega t$$

Siendo: $I_t = \dfrac{dq}{dt}$ $I_t = V_m\,\omega C \, \cos \omega t$ al término:

$$X_c = \frac{1}{\omega C} \qquad \text{ó} \qquad X_c = \frac{1}{2\pi f\,C} \quad \Omega \quad \text{se denomina Reactancia Capacitiva}$$

Sabiendo que: $\cos \omega t = \sin\left(\omega t + \dfrac{\pi}{2}\right)$ luego:

$$I_t = \frac{V_m}{X_c} \, \sin\left(\omega t + \frac{\pi}{2}\right) \quad A \qquad \text{siendo} \qquad I_m = \frac{V_m}{X_c}$$

$$I_t = I_m \, \sin\left(\omega t + \frac{\pi}{2}\right) \quad A$$

La corriente está adelantada $\pi/2$ con respecto a la tensión.

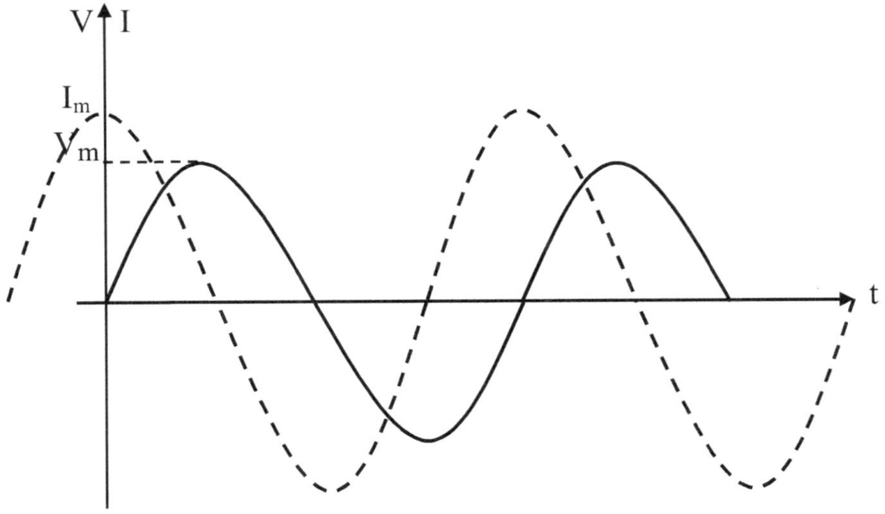

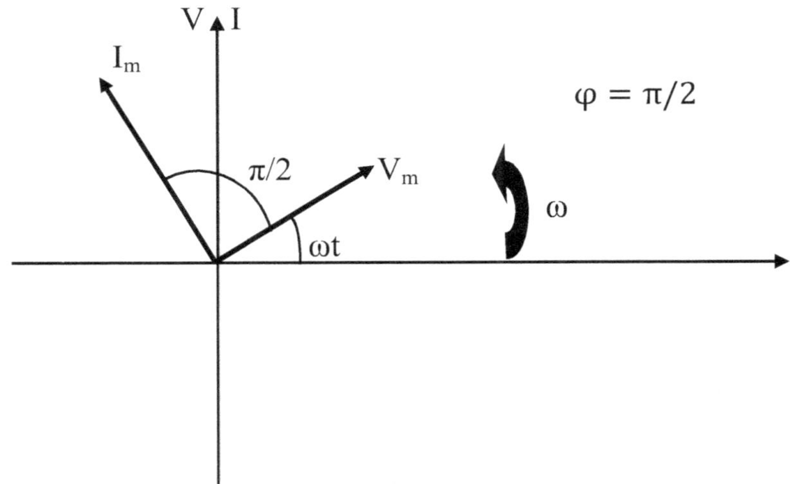

El gráfico de vectores rotativos permite observar claramente el ángulo de desfase $\varphi = \pi/2$ entre V_m e I_m. La proyección de los vectores rotatorios sobre el eje vertical da el valor instantáneo tanto de la corriente como de la tensión.

CIRCUITO INDUCTIVO PURO

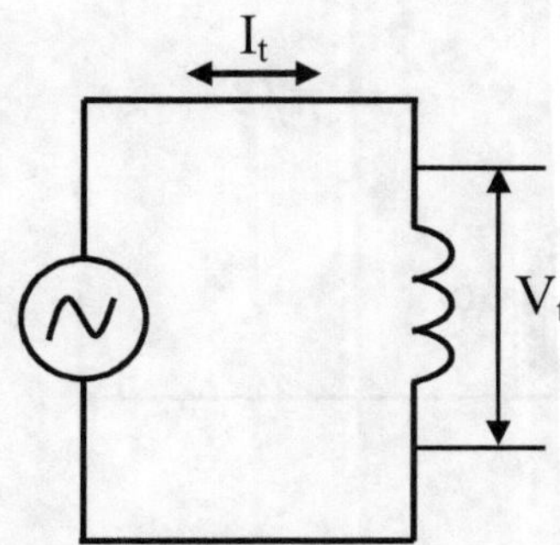

En un circuito inductivo puro serie se sabe que:

$$V_t = L \frac{dI_t}{dt} \qquad \text{por lo tanto} \qquad I_t = \frac{1}{L} \int V_t \, dt \qquad \text{o sea} \qquad I_t = \frac{1}{L} \int V_m \, \sin \omega t \, dt$$

Integrando: $\quad I_t = -\frac{V_m}{\omega L} \cos \omega t \qquad$ al término:

$$X_L = \omega L \qquad \text{ó} \qquad X_L = 2\pi f L \quad \Omega \qquad \text{se denomina Reactancia Inductiva}$$

Sabiendo que: $\quad -\cos \omega t = \sin \left(\omega t - \frac{\pi}{2} \right) \qquad$ luego:

$$I_t = \frac{V_m}{X_L} \, \sin \left(\omega t - \frac{\pi}{2} \right) \quad A \qquad \text{siendo} \qquad I_m = \frac{V_m}{X_L}$$

$$I_t = I_m \, \sin \left(\omega t - \frac{\pi}{2} \right) \quad A$$

La corriente está retrasada $\pi/2$ con respecto a la tensión.

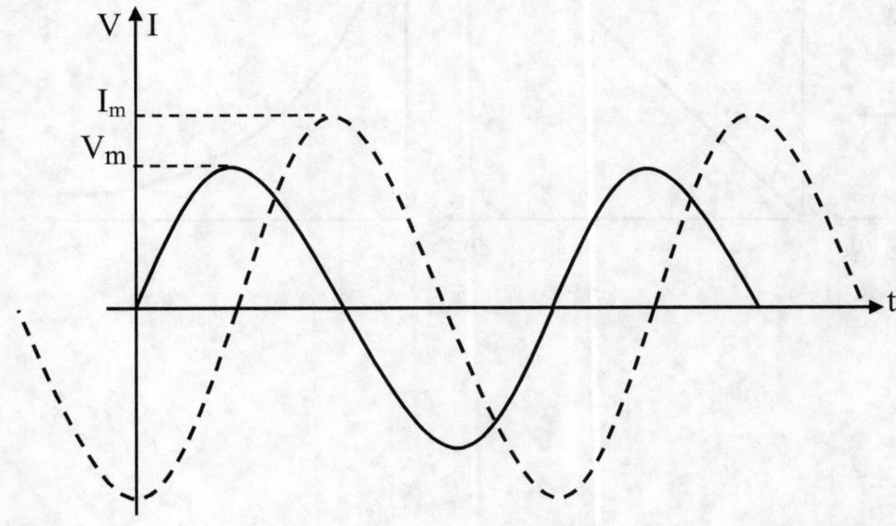

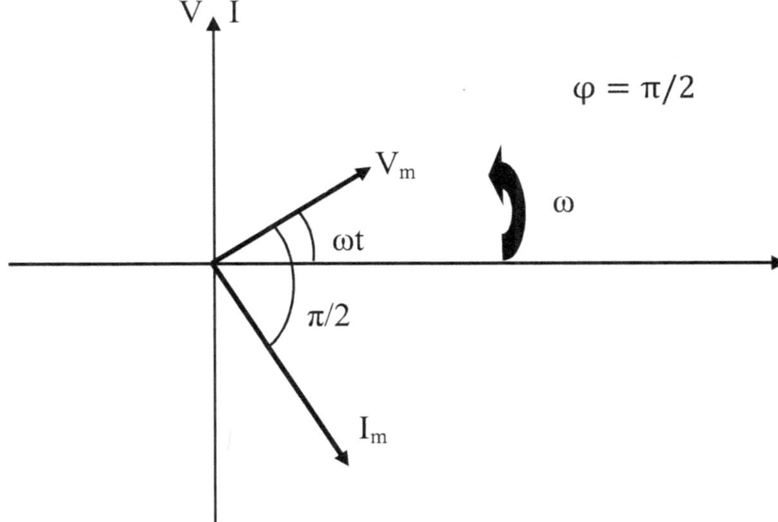

El gráfico de vectores rotativos permite observar claramente el ángulo de desfase $\varphi = \pi/2$ entre V_m e I_m. La proyección de los vectores rotatorios sobre el eje vertical da el valor instantáneo tanto de la corriente como de la tensión.

Los gráficos siguientes permiten apreciar la variación de R, X_L y X_C en función de la frecuencia ω.

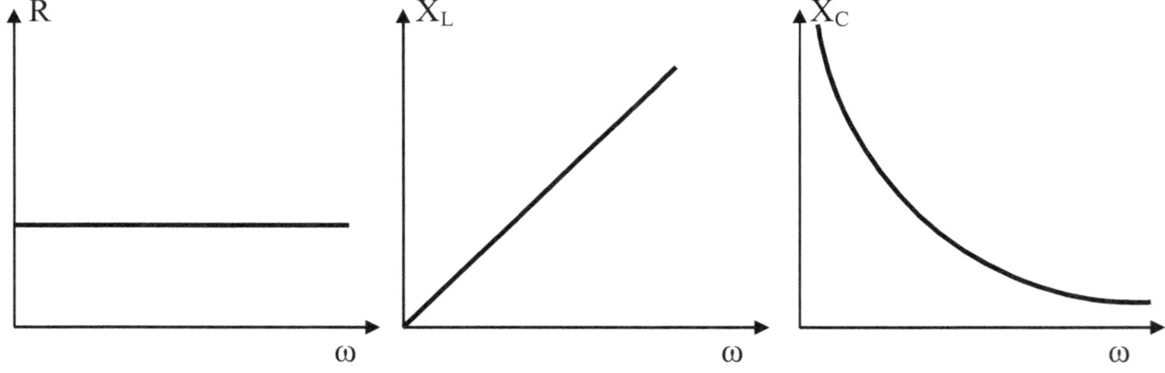

CIRCUITO R-L-C SERIE

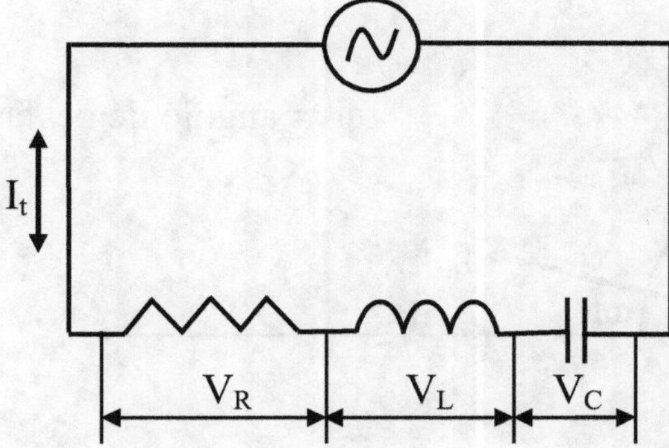

En el circuito R-L-C planteando la ecuación de malla se tiene que:

$$V_t = I_t R + L\frac{dI_t}{dt} + \frac{q_t}{C} \qquad ó \qquad V_m \sin\omega t = I_t R + L\frac{dI_t}{dt} + \frac{q_t}{C}$$

Si se deriva con respecto al tiempo y se resuelve la ecuación diferencial correspondiente se llega a la siguiente expresión:

$$I_t = I_m \sin(\omega t - \varphi) \quad A$$

Siendo $\qquad I_m = \dfrac{V_m}{Z} \qquad$ y

$$Z = \sqrt{R^2 + (X_L - X_C)^2} \quad \Omega \qquad \text{la Impedancia del Circuito}$$

La corriente está retrasada un ángulo φ con respecto a la tensión, es decir se trata de un circuito inductivo.

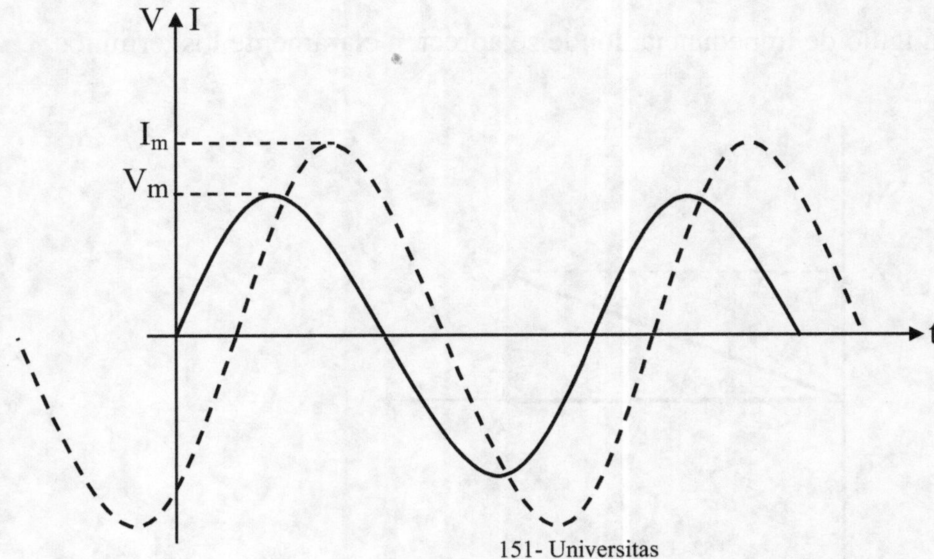

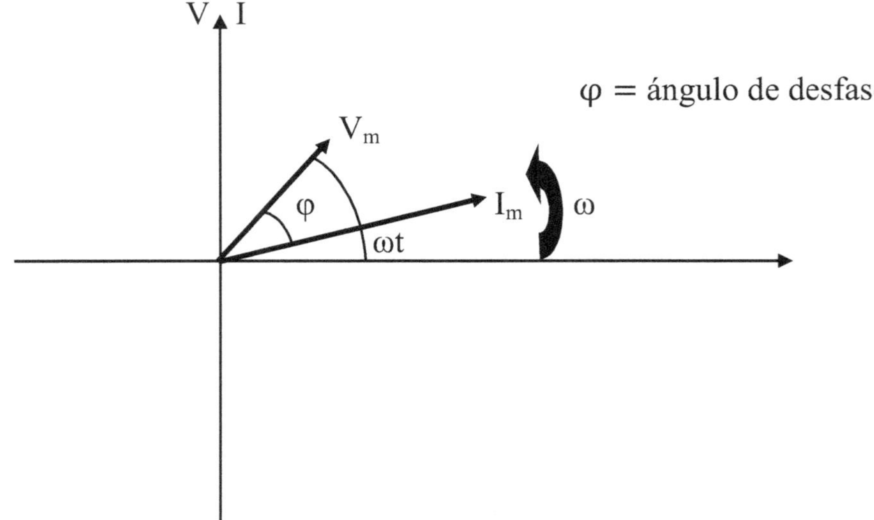

El gráfico de vectores rotativos permite observar claramente el ángulo de desfase φ en retraso entre V_m e I_m. La proyección de los vectores rotatorios sobre el eje vertical da el valor instantáneo tanto de la corriente como de la tensión.

A la impedancia se la puede escribir como:

$$Z = \sqrt{R^2 + (X_L - X_C)^2} \qquad \Omega \qquad \text{siendo:}$$

R: La resistencia del circuito   y $X = X_L - X_C$ La reactancia del circuito

$$\varphi = \tan^{-1}\frac{X}{R} \qquad \text{representa el desfasaje entre tensión y corriente.}$$

Es posible trazar el triángulo de impedancia donde se aprecian claramente los términos antes descriptos.

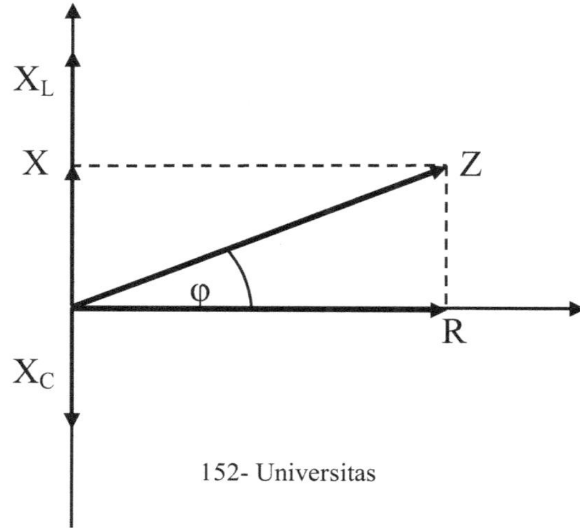

al cos φ se lo denomina factor de potencia del circuito. Se trata de un coeficiente de suma importancia en electrotecnia.

VALORES EFICACES DE TENSION Y CORRIENTE

Se define la corriente eficaz de la corriente alterna como el equivalente de una corriente continua que produce la misma cantidad de calor por efecto Joule en un período T, que la corriente alterna. Por lo tanto:

$$Q = I_e^2\, R\, T \quad \text{es igual a} \quad Q = \int_0^T I_m^2\, R\, \sin^2 \omega t = \tfrac{1}{2} I_m^2\, R\, T \quad \text{Igualando y resolviendo:}$$

$$I_e = \frac{I_m}{\sqrt{2}} \qquad \text{de igual modo} \qquad V_e = \frac{V_m}{\sqrt{2}}$$

De igual manera que el triangulo de impedancias es posible trazar el triángulo de tensiones el cual es proporcional al mismo donde se aprecian claramente los desfasajes de las tensiones en cada elemento R, L y C.
Dado que los valores picos o máximos de tensión y corriente son proporcionales a los valores eficaces, es válido trazar este diagrama con estos últimos ya que en electrotecnia normalmente se habla de valores eficaces.

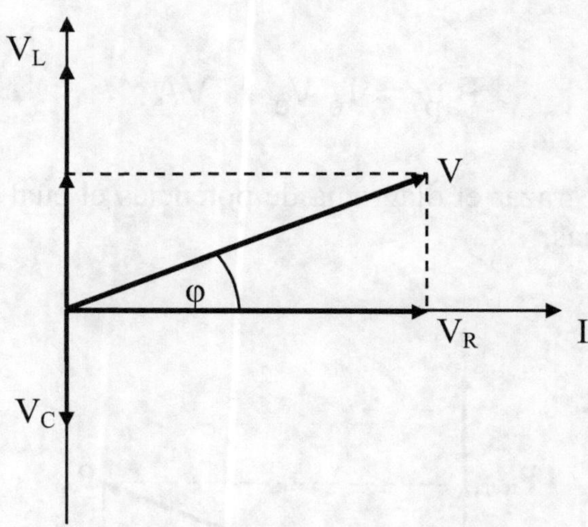

POTENCIA EN CIRCUITOS DE CORRIENTE ALTERNA

La potencia instantánea desarrollada en un circuito de corriente alterna viene dada por:

$$P_t = I_t\, V_t \qquad \text{ó} \qquad P_t = I_m\, V_m\, \sin(\omega t - \varphi)\, \sin \omega t$$

Desarrollando se determina el valor medio de esta expresión

$$P_m = \frac{1}{2}\, I_m\, V_m\, \cos\varphi \qquad \text{o lo que es lo mismo} \qquad P_m = I_e\, V_e\, \cos\varphi \quad W$$

En electrotecnia esta expresión se conoce como potencia activa y se mide en W representa la potencia que realmente se consume. Por lo tanto se puede expresar:

$$P_{act} = I_e\, V_e\, \cos\varphi \qquad W$$

De igual modo se puede expresar la potencia entretenida en la generación de los campos eléctricos y magnéticos. Se la denomina potencia reactiva y se la mide en VA reactivos.

$$P_{react} = I_e\, V_e\, \sin\varphi \qquad VAR$$

También es posible expresar la potencia total aportada al circuito por la empresa generadora de energía eléctrica (E.G.E.E.). Se la denomina potencia aparente y se mide en VA.

$$P_{ap} = I_e\, V_e \qquad VA$$

Aquí también es posible trazar el diagrama de potencias el cual es proporcional a los de tensiones e impedancias.

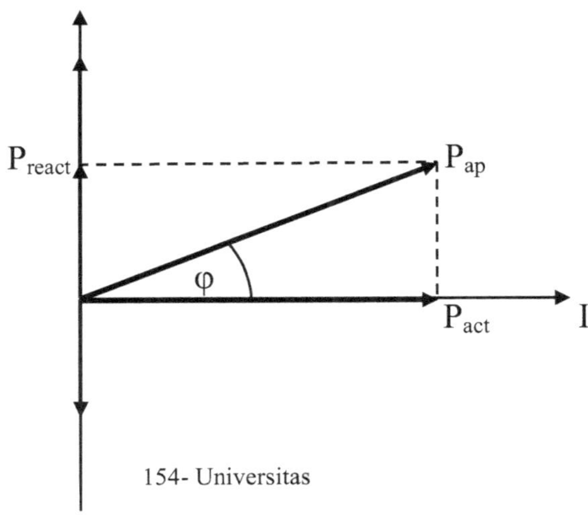

Aquí se puede apreciar claramente que si el ángulo φ es muy grande la potencia que debe generar la E.G.E.E. es demasiado grande frente a la que realmente se utiliza con el consiguiente sobredimensionamiento de máquinas, líneas de transmisión, etc. Es por ello que las E.G.E.E. premian con un descuento a las empresas consumidoras de energía eléctrica cuyo factor de potencia, $\cos \varphi$ es superior a 0.8 y castigan con multas a aquellas cuyo $\cos \varphi$ es inferior a 0.8.

CIRCUITO R-L-C PARALELO

Se trata de un caso particular poco frecuente.

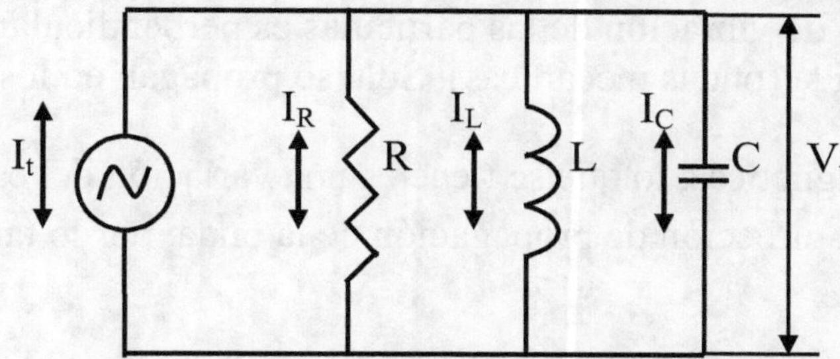

Sabiendo que:

$$I_R = \frac{V}{R} \qquad I_L = \frac{V}{X_L} \qquad I_C = \frac{V}{X_C} \qquad \text{y que:} \qquad I_T = I_R + I_L + I_C$$

Se puede trazar el diagrama de corrientes y tensiones teniendo en cuenta que en este caso el factor común es la tensión (en fase con la corriente resistiva).

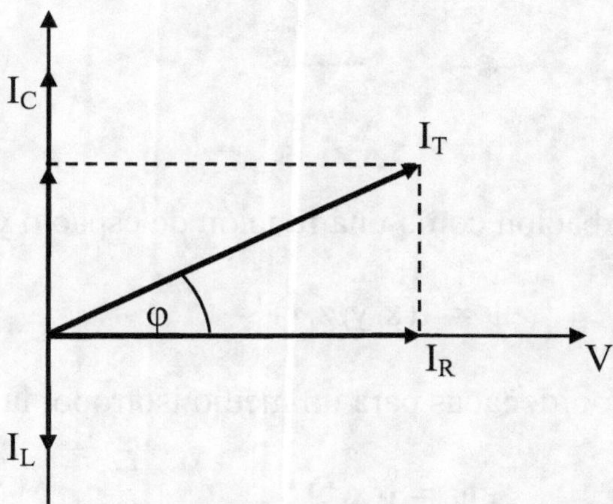

Se ha supuesto que el circuito es inductivo ($X_L > X_C$) es decir $I_L < I_C$ sin embargo, para este caso, la corriente está adelantada con respecto a la tensión.

ONDAS ELECTROMAGNETICAS

ONDAS

Onda es una perturbación que se propaga en el espacio y en el tiempo transportando energía. No se la puede ubicar en un lugar determinado, de allí su nombre, onda viajera.
El sonido es una onda mecánica, por lo tanto requiere de un medio para propagarse.
Las ondas electromagnéticas (luz, rayos x, ondas de radio, etc.) pueden propagarse en medios materiales o en el vacío.

Ondas Transversales:
Son aquellas en las que el sentido de vibración de las partículas es perpendicular a la dirección de propagación de la onda (ondas mecánicas). Solo se propagan en los materiales sólidos.
En el caso de las ondas electromagnéticas, lo que se tiene es una variación del campo $\vec{E}$ y $\vec{B}$ en forma perpendicular a la dirección de propagación de la onda, por lo tanto también son ondas transversales.

Ondas Longitudinales:
Son aquellas en las que el sentido de vibración de las partículas es coincidente con la dirección de propagación de la onda. Se propagan en los materiales sólidos, líquidos y gaseosos.

Es posible expresar una perturbación como una función de espacio y tiempo:

$$\psi = f(x, y, z, t)$$

Si se acomoda el sistema de coordenadas para un medio isótropo, la misma se reduce:

$$\psi = f(x, t)$$

Si se quiere conocer la forma de onda para un cierto tiempo, por ej. $t = 0$

$$\psi = f(x, t) = f(x, 0) = f(x)$$

Esta función describe el perfil de la onda.

Sabiendo que la velocidad de la onda $\vec{c}$ es constante en un medio dado, al cabo de un cierto tiempo la misma se ha desplazado una distancia c t. Es posible asociar a la onda en movimiento un nuevo sistema de coordenadas que se mueva con la misma, a saber:

$$\psi = f(x') \quad \text{siendo} \quad x' = (x - ct) \quad \text{con lo cual}$$

$$\psi = f(x - ct)$$

Siendo esta la expresión más general de la función de onda.

ECUACION DE D´ALEMBERT

En su trabajo sobre cuerdas vibrantes aparece por primera vez la ecuación diferencial de onda

$$\frac{\partial^2 \psi}{\partial x^2} = \frac{1}{c^2}\frac{\partial^2 \psi}{\partial t^2}$$

Cualquier fenómeno físico que se analice, si en el aparece esta relación, se tiene asociado al mismo, una onda.

Ondas Periódicas:
Cuando el perfil de una onda se repite indefinidamente en el tiempo, T (periodo) y λ (longitud de onda), la misma es una onda periódica.

Ondas Armónicas:
Cuando el perfil de una onda es una curva seno o coseno, se tiene una onda armónica.

$$\psi = f(x) = A \sin kx \quad \text{siendo}$$

A: la amplitud de la onda
K: número de onda

Función de Onda:
Por ser una ecuación de doble periodicidad (varia en espacio y tiempo), la función de onda es:

$$\psi = f(x - ct) = A \sin k(x - ct) \quad \text{Sabiendo que:}$$

$$k = \frac{2\pi}{\lambda} \quad \frac{rad}{m} \qquad c = \frac{\lambda}{T} = \frac{\omega}{k} \quad \frac{m}{S} \qquad f = \frac{1}{T} \quad \frac{1}{S} \qquad \omega = \frac{2\pi}{T} = 2\pi f \quad \frac{1}{S}$$

c : velocidad de la onda $\frac{m}{S}$

ω : frecuencia angular de la onda $\frac{1}{S}$

k : número de onda

λ : longitud de onda   m

T : periodo de la onda   S

$$\psi = A \sin(kx - \omega t)$$

Forma más común de la función de onda.

ONDAS ELECTROMAGNETICAS

Las ondas electromagnéticas transportan energía de un punto a otro, pueden propagarse en un medio o en el vacío. A diferencia de las ondas mecánicas donde se produce la vibración de partículas o moléculas en torno a su posición de equilibrio, aquí lo que se tiene es una variación de un campo eléctrico $\vec{E}$ y un campo magnético $\vec{B}$ perpendicularmente a la dirección de propagación de la onda, es decir se trata de ondas transversales.
Si se agita una carga animada de una cierta aceleración, se genera una onda electromagnética.

ESPECTRO ELECTROMAGNETICO

Se puede ver en el espectro electromagnético como la luz visible (luz blanca), se encuentra comprendida en una franja de longitudes de onda entre los 400 y 700 nm. Para longitudes de onda superiores a los 700 nm se tiene primero los rayos infrarrojos y luego las ondas de radio y televisión. Para longitudes de onda inferiores a los 400 nm se tiene primero los rayos ultravioletas y luego los rayos x y los rayos γ.

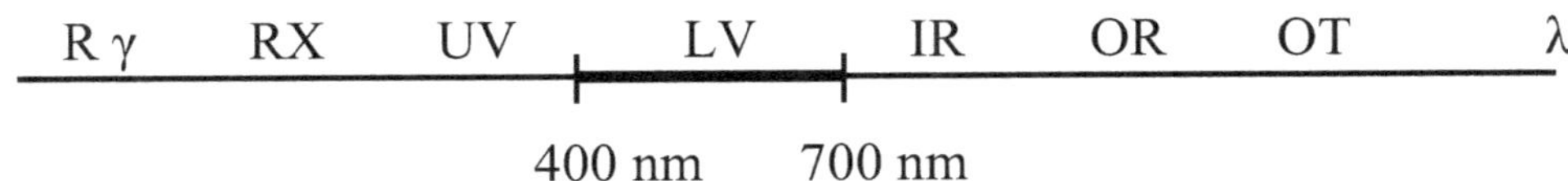

GENERACION DE UNA ONDA ELECTROMAGNETICA

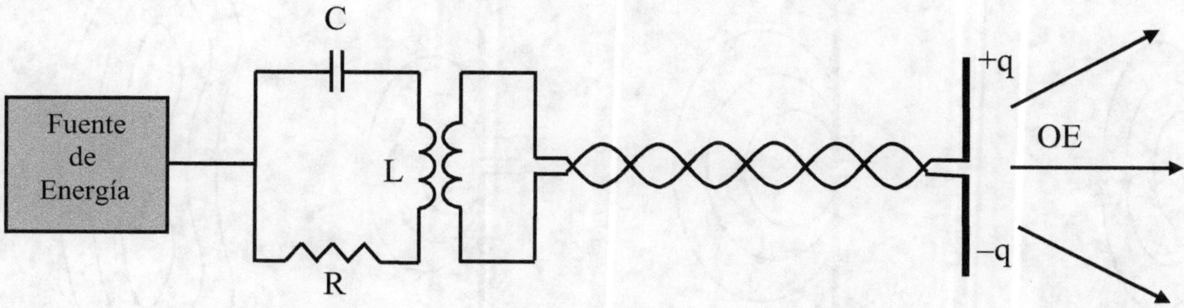

Si se tiene una carga eléctrica, esta genera un campo eléctrico $\vec{E}$, ahora bien, si la misma está animada de una velocidad $\vec{v}$ uniforme, además del campo eléctrico $\vec{E}$ genera un campo magnético $\vec{B}$, pero, sólo si la carga está animada de una aceleración se generará una onda electromagnética OE.

Para acelerar cargas se utilizan circuitos de corriente alterna de alta frecuencia.

El circuito R-L-C es un circuito oscilante con una fuente externa que proporciona la energía necesaria.

La corriente en este circuito varía senoidalmente con una frecuencia angular ω, donde:

$$\omega = \frac{1}{\sqrt{LC}} \qquad \frac{1}{S}$$

Mediante un transformador el oscilador se acopla a la línea de transmisión que será la encargada de llevar la señal a la antena. La forma de la antena determina las propiedades de los campos $\vec{E}$ y $\vec{B}$ radiados.

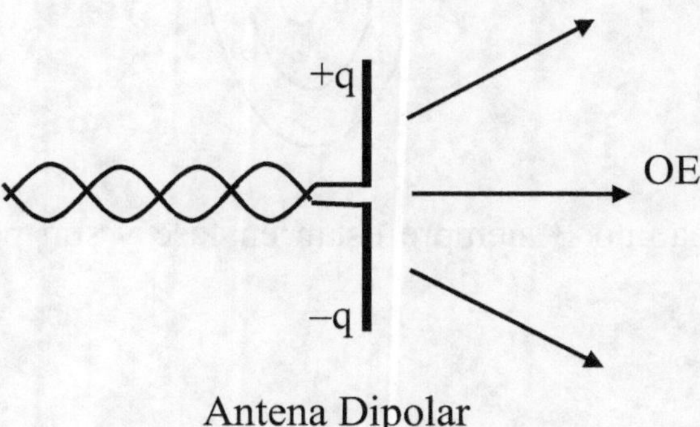

Antena Dipolar

Las cargas fluctúan hacia adelante y hacia atrás en los conductores de la antena con la frecuencia ω excitadas por el oscilador. La antena es una fuente de radiación electromagnética.

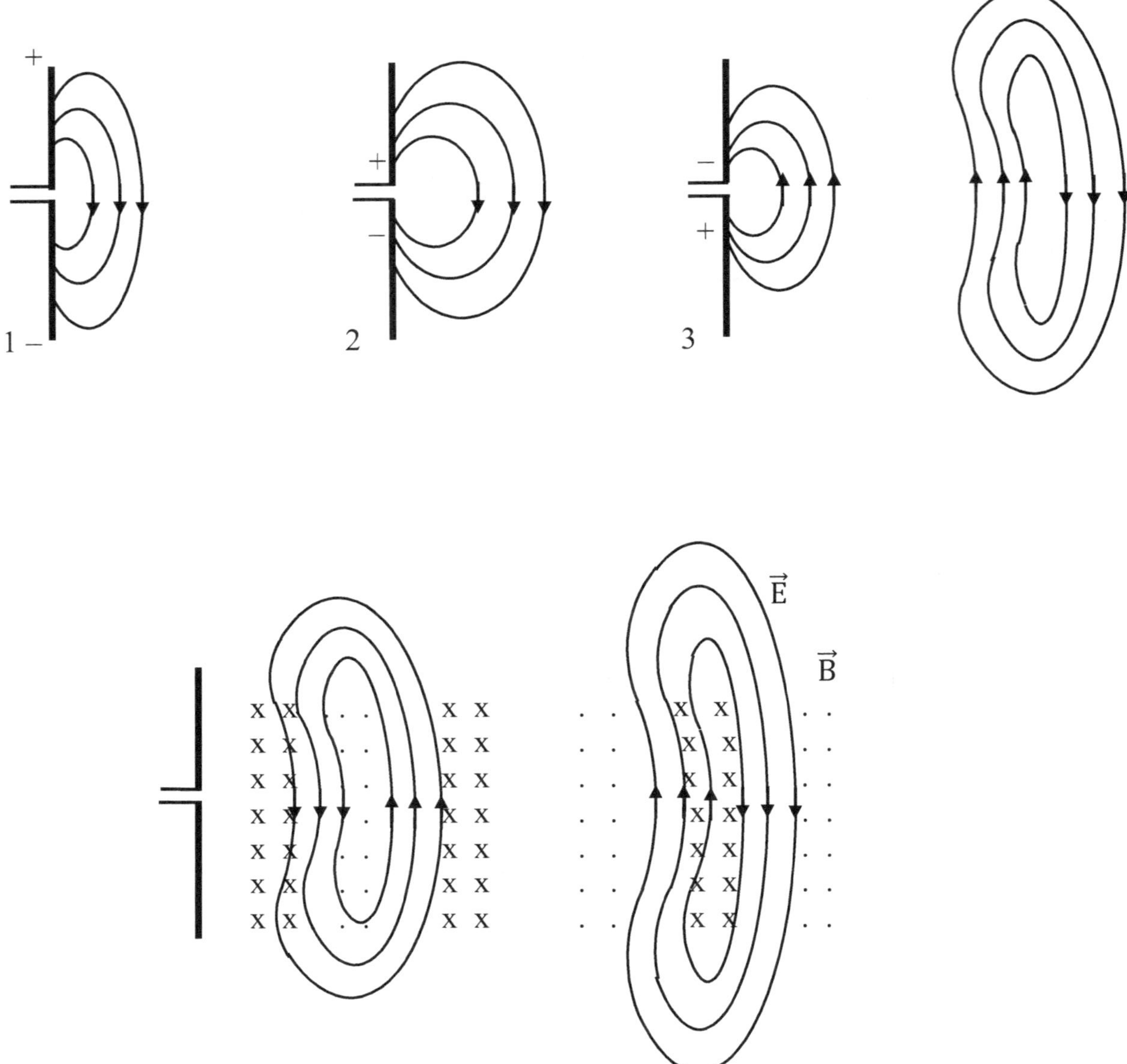

En este caso el campo $\vec{E}$ y el campo $\vec{B}$ siempre están en fase y son perpendiculares entre sí.

ONDAS VIAJERAS Y LAS ECUACIONES DE MAXWELL

Estudiando la descripción matemática de las ondas se puede apreciar que la velocidad de las ondas viajeras es igual a la velocidad de la luz en el vacío, lo cual permite concluir que la luz es una onda electromagnética.

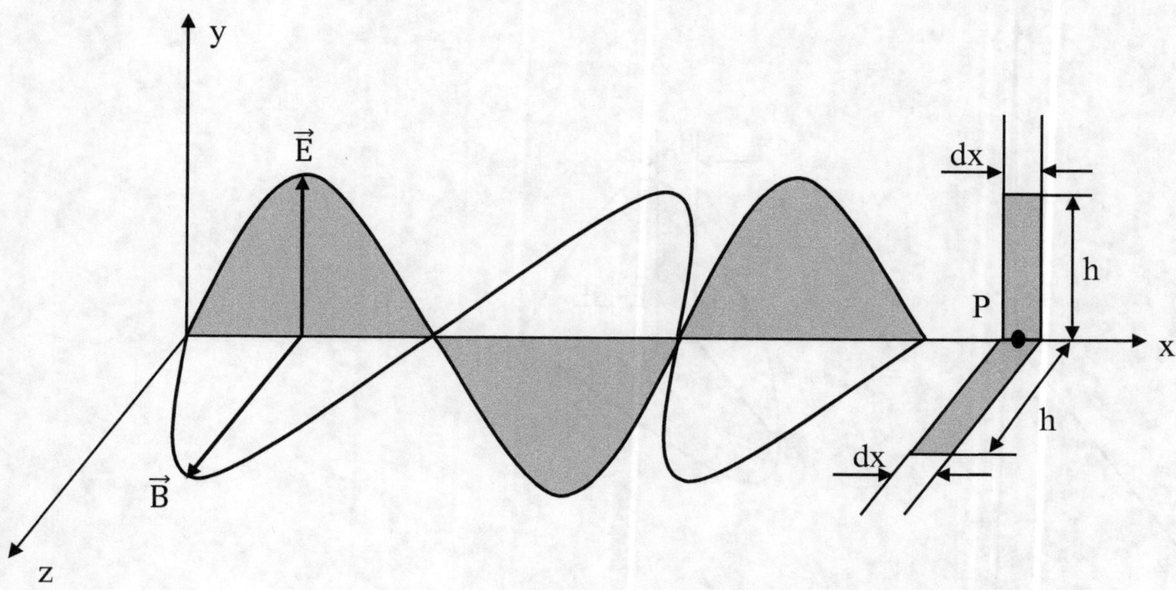

Suponiendo un observador ubicado en el punto P de la figura, el mismo se encuentra lo suficientemente lejos de la antena dipolar como para considerar que los frentes de ondas que pasan por P son planos. Sabiendo que:

$$E_{(x,t)} = E_{max} \sin(kx - \omega t) \qquad y \qquad B_{(x,t)} = B_{max} \sin(kx - \omega t)$$

Teniendo en cuenta además que:

$$c = \frac{\omega}{k} \qquad ó \qquad c = \lambda\, f \qquad ya\ que \qquad k = \frac{2\pi}{\lambda} \qquad y \qquad \omega = 2\pi\, f \qquad siendo:$$

c : velocidad de la onda $\frac{m}{s}$

ω : frecuencia angular de la onda (generada por el circuito oscilante) $\frac{1}{s}$

k : número de onda

λ : longitud de onda m

f : frecuencia $\frac{1}{s}$ y   T : periodo S

Es posible analizar lo que ocurre en las tiras sombreadas del dibujo (en torno a P), considerando a las mismas como circuitos virtuales. Se toma primero la tira sobre el plano x-y

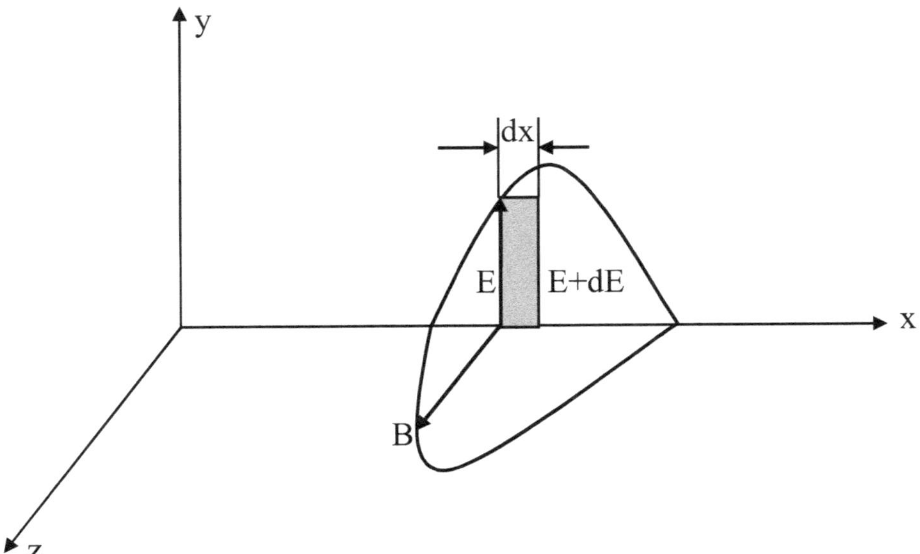

Al dirigirse la onda hacia la derecha el flujo magnético está disminuyendo en el tiempo ya que el campo $\vec{B}$ de la onda que se mueve al interior de la tira es más pequeño. El campo inducido $\vec{E}$ se opone a esa disminución. Si se aplica la tercera ecuación de Maxwell se tiene:

$$\oint_l \vec{E}.\,d\vec{l} = -\frac{d\phi_B}{dt}$$

En primer término se analiza la integral de línea de $\vec{E}$ alrededor de la espira. Se recorre la misma en sentido antihorario. Como $\vec{E}$ y $d\vec{l}$ son perpendiculares en los lados superior e inferior de la espira la integral no recibe contribuciones de estos lados. Con lo cual:

$$\oint_l \vec{E}.\,d\vec{l} = (E + dE)h - E\,h \qquad \text{ó} \qquad \oint_l \vec{E}.\,d\vec{l} = dE\,h$$

Teniendo en cuenta que:

$\emptyset_B = B(h\,dx)$ derivando con respecto al tiempo

$\dfrac{d\emptyset_B}{dt} = h\,dx\,\dfrac{dB}{dt}$ reemplazando en la tercera ecuación de Maxwell

$dE\,h = -h\,dx\,\dfrac{dB}{dt}$ simplificando y ordenando:

$\dfrac{dE}{dx} = -\,\dfrac{dB}{dt}$

En realidad tanto $\vec{E}$ como $\vec{B}$ son funciones de x y de t, al evaluar $\dfrac{dE}{dx}$ se supone t constante ya que la figura es una instantánea. También al evaluar $\dfrac{dB}{dt}$ de supone x constante ya que el cambio de $\vec{B}$ es en un lugar particular, la tira de la figura. Más correcto es escribir la igualdad anterior como:

$$\dfrac{\partial E}{\partial x} = -\,\dfrac{\partial B}{\partial t} \quad\quad 1$$

Dado que se conocen las ecuaciones:

$$E_{(x,t)} = E_{max}\,\sin(kx - \omega t) \quad\quad y \quad\quad B_{(x,t)} = B_{max}\,\sin(kx - \omega t)$$

$$\dfrac{\partial E}{\partial x} = k\,E_{max}\,\cos(kx - \omega t) \quad\quad\quad \dfrac{\partial B}{\partial t} = -\omega\,B_{max}\,\cos(kx - \omega t)$$

Sustituyendo en 1:

$$k\,E_{max}\,\cos(kx - \omega t) = \omega\,B_{max}\,\cos(kx - \omega t) \quad\quad ó \quad\quad k\,E_{max} = \omega\,B_{max} \quad\quad \text{es decir:}$$

$$\dfrac{E_{max}}{B_{max}} = \dfrac{\omega}{k} \quad\quad ó \quad\quad \dfrac{E_{max}}{B_{max}} = c \quad\quad \text{en general se puede decir:}$$

$$\dfrac{E}{B} = c \quad\quad \dfrac{m}{S}$$

La razón entre las amplitudes del campo eléctrico y el campo magnético es igual a la velocidad de la onda electromagnética $\vec{c}$.

Analizando lo que ocurre en la tira ubicada sobre el plano x-z se tiene:

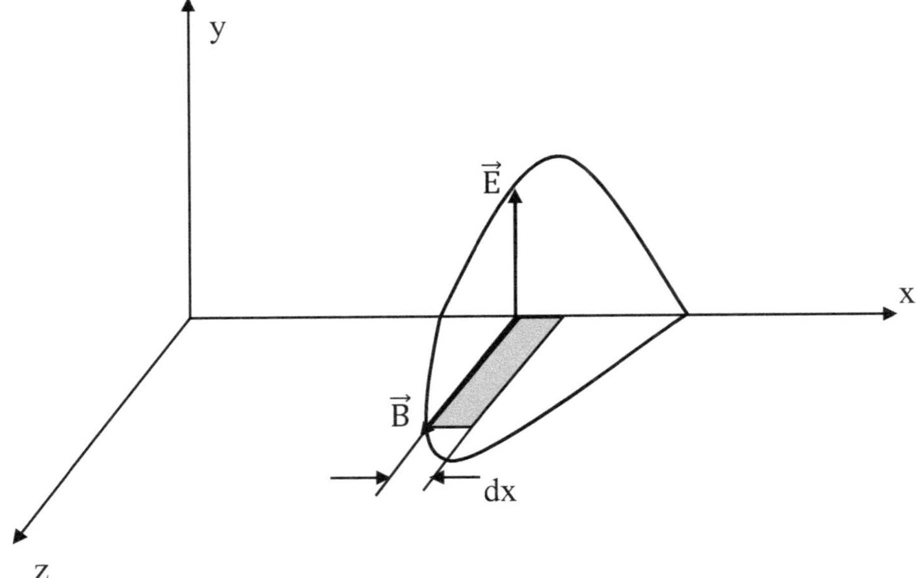

En este caso el campo $\vec{B}$ aumenta en la tira mientras que el flujo eléctrico disminuye en el tiempo ya que la onda que se dirige al interior de la tira tiene un campo $\vec{E}$ más pequeño. En este caso se efectúa el análisis mediante el uso de la cuarta ecuación de Maxwell.

$$\oint_l \vec{B}.\,d\vec{l} = \mu_o\,\varepsilon_o\,\frac{d\varnothing_E}{dt}$$

El flujo eléctrico variable en el tiempo induce un campo magnético en la espira.

Se analiza en primer término la integral de línea de $\vec{B}$ alrededor de la espira. Se recorre la espira en sentido antihorario. Como $\vec{B}$ y $d\vec{l}$ son perpendiculares en los lados superior e inferior de la espira la integral no recibe contribuciones de estos lados. Con lo cual:

$$\oint_l \vec{B}.\,d\vec{l} = -(B + dB)h + B\,h \qquad \text{ó} \qquad \oint_l \vec{B}.\,d\vec{l} = -dB\,h$$

Teniendo en cuenta que:

$$\varnothing_E = E(h\,dx) \quad \text{derivando con respecto al tiempo}$$

$$\frac{d\varnothing_E}{dt} = h\,dx\,\frac{dE}{dt} \quad \text{reemplazando en la cuarta ecuación de Maxwell}$$

$$-h\,dB = \mu_o\,\varepsilon_o\,h\,dx\frac{dE}{dt} \qquad \text{simplificando y ordenando:}$$

$$-\frac{dB}{dx} = \mu_o\,\varepsilon_o\,\frac{dE}{dt} \qquad \text{más apropiado es:}$$

$$-\frac{\partial B}{\partial x} = \mu_o\,\varepsilon_o\,\frac{\partial E}{\partial t} \qquad 2$$

Dado que se conocen las ecuaciones:

$$E_{(x,t)} = E_{max}\,\sin(kx - \omega t) \qquad y \qquad B_{(x,t)} = B_{max}\,\sin(kx - \omega t)$$

$$\frac{\partial E}{\partial t} = -\omega\,E_{max}\,\cos(kx - \omega t) \qquad \frac{\partial B}{\partial x} = k\,B_{max}\,\cos(kx - \omega t)$$

Sustituyendo en 2:

$$-k\,B_{max}\,\cos(kx - \omega t) = -\mu_o\,\varepsilon_o\,\omega\,E_{max}\,\cos(kx - \omega t) \qquad ó$$

$$k\,B_{max} = \mu_o\,\varepsilon_o\,\omega\,E_{max} \qquad \text{es decir:}$$

$$\frac{E_{max}}{B_{max}} = \frac{k}{\mu_o\,\varepsilon_o\,\omega} \qquad ó \qquad \frac{E_{max}}{B_{max}} = \frac{1}{\mu_o\,\varepsilon_o\,c} \qquad \text{en general se puede decir:}$$

$$\frac{E}{B} = \frac{1}{\mu_o\,\varepsilon_o\,c} \qquad \text{como también} \qquad \frac{E}{B} = c \qquad \text{luego:}$$

$$c = \frac{1}{\sqrt{\mu_o\,\varepsilon_o}}$$

Reemplazando por los valores numéricos de μ_o y ε_o

$$c = 3 \times 10^8 \quad \frac{m}{s}$$

De esta manera Maxwell determina que la velocidad de la onda electromagnética es igual a la velocidad de la luz en el vacío, con lo cual concluye que la luz, es una onda electromagnética.

TRANSPORTE DE ENERGIA – VECTOR DE POYNTING

Como cualquier tipo de onda, la onda electromagnética transporta energía de un lugar a otro.

El flujo de la energía transportada por la onda se puede medir por la energía transportada por unidad de área y de tiempo.

Se describe la magnitud y dirección del flujo de energía mediante un vector llamado vector de Poynting.

$$\vec{S} = \frac{1}{\mu_0}\vec{E} \times \vec{B} \quad \frac{J}{m^2\,S}$$

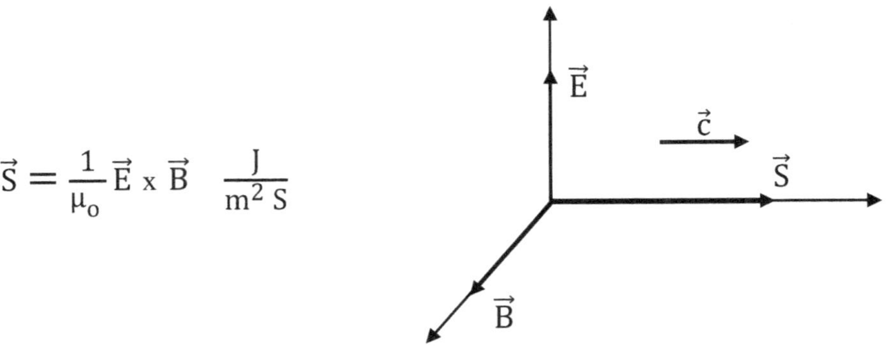

Una OE queda definida dando su campo $\vec{E}$ y la velocidad de propagación $\vec{c}$.
Mediante la relación:

$$\frac{E}{B} = c \qquad \text{se puede determinar } \vec{B}$$

El vector de Poynting

$$\vec{S} = \frac{1}{\mu_0}\vec{E} \times \vec{B} \qquad \frac{J}{m^2\,S}$$

permite determinar la intensidad, dirección y sentido de la OE

Teniendo en cuenta las relaciones anteriores se puede poner:

$$S = \frac{E^2}{\mu_0\,c} \qquad \acute{o} \qquad S = \frac{c\,B^2}{\mu_0}$$

multiplicando m.a.m. por c la primera expresión

$$S = \frac{c\, E^2}{\mu_o\, c^2} \qquad \text{como} \qquad c^2 = \frac{1}{\mu_o\, \varepsilon_o} \qquad S = \varepsilon_o\, c\, E^2$$

Sabiendo que la densidad de energía del campo eléctrico $\vec{E}$ es:

$$\mu_E = \frac{\varepsilon_o\, E^2}{2} \qquad \text{entonces se puede poner} \qquad \mu_E = \frac{S}{2\,c}$$

De la segunda expresión y sabiendo que la densidad de energía de campo magnético $\vec{B}$ es:

$$\mu_B = \frac{B^2}{2\,\mu_o} \qquad \text{entonces se puede poner} \qquad \mu_B = \frac{S}{2\,c}$$

Como la densidad de energía de la OE es la suma de la densidad de energía del campo $\vec{E}$ mas la del campo $\vec{B}$ en partes iguales, luego:

$$\mu = \mu_E + \mu_B \qquad \text{ó} \qquad \mu = \frac{S}{2\,c} + \frac{S}{2\,c} \qquad \text{por lo tanto:}$$

$$\mu = \frac{S}{c} \qquad \frac{J}{m^3}$$

Considerando una onda plana desplazándose como se muestra en el dibujo, al cabo de un tiempo dt se desplaza una distancia dx, transportando una energía dU.

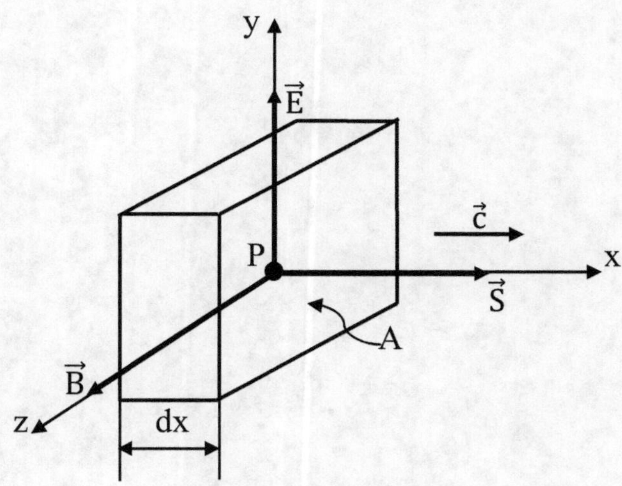

$$dU = \mu\, dV \qquad \text{ó} \qquad dU = \frac{S}{c}\, A\, dx \qquad \text{como} \qquad dx = c\, dt$$

$$dU = S\,A\,dt \qquad \text{es decir} \qquad S = \frac{dU}{A\,dt} \qquad \text{como} \qquad \frac{dU}{dt} \qquad \text{es potencia}$$

$$S = \frac{P}{A} \qquad \frac{W}{m^2} \qquad \text{potencia por unidad de área.}$$

Intensidad de una Onda Electromagnética

Se define la intensidad de la OE como el valor promedio de S, es decir S_{pro} para lo cual se toma el promedio de un número entero de ciclos en el tiempo a saber:

$$I = S_{pro} = \frac{1}{\mu_o c}\,(E^2)_{pro} = \frac{1}{\mu_o c}E_m^2\,[\sin^2(kx - \omega t)]_{pro}$$

Sabiendo que el valor promedio de la expresión entre corchetes es ½, luego:

$$I = \frac{1}{2\mu_o c}\,E_m^2 \qquad \text{ó} \qquad I = \frac{1}{2\mu_o}\,E_m B_m$$

Es posible expresar la intensidad en función de los valores de raíz cuadrada media, es decir:

$$I = \frac{1}{\mu_o}\,E_{rcm}B_{rcm} \qquad \frac{W}{m^2}$$

OPTICA FISICA

ESPECTRO VISIBLE

Entre los 400 nm y los 700 nm aproximadamente del espectro electromagnético se encuentra la región del espectro visible (OE que pueden ser percibidas por el ojo humano). El gráfico muestra la sensibilidad del ojo humano para la percepción de estas ondas.

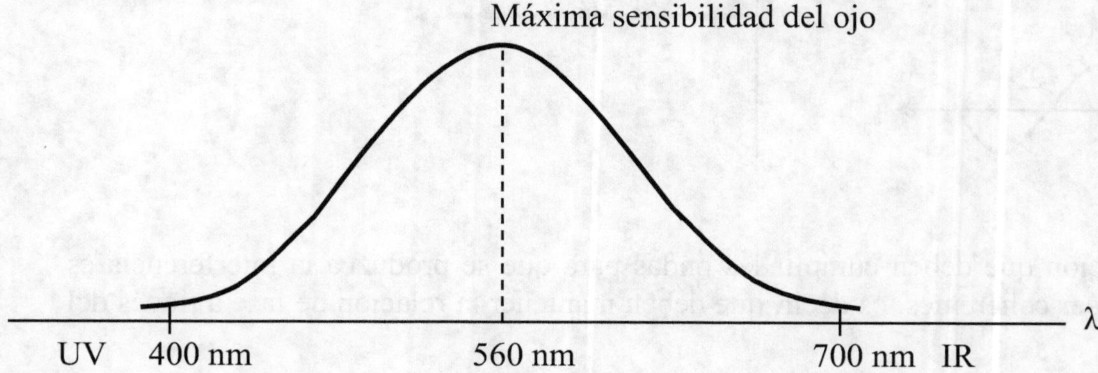

INTERFERENCIA

Cuando dos ondas idénticas provenientes de dos fuentes diferentes se superponen en un punto, se produce una interferencia de ambas ondas cuyo resultado puede ser una onda mayor o menor a las ondas que interfieren. Se pueden dar dos tipos de interferencia:

Interferencia Constructiva

Cuando se tiene este tipo de interferencia, la amplitud de la onda resultante es mayor que la de las ondas individuales. La interferencia total constructiva se da para ondas que se encuentran desfasadas en $0, 2\pi, 4\pi$.....

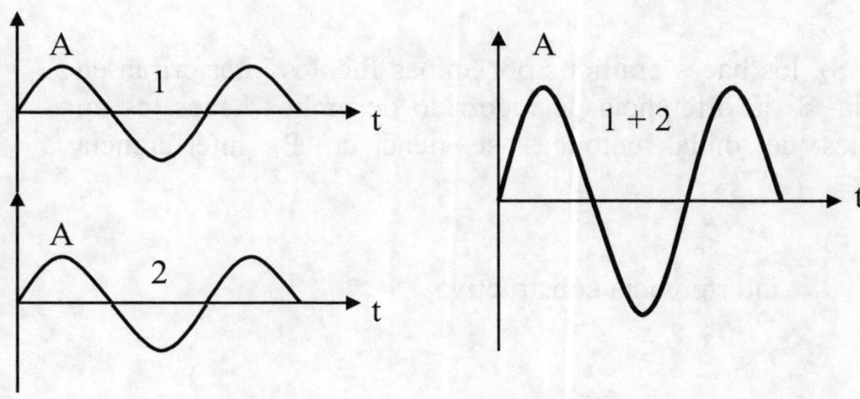

Interferencia Destructiva

Cuando se tiene este tipo de interferencia, la amplitud de la onda resultante es menor que la de las ondas individuales. La interferencia total destructiva se da para ondas que se encuentran desfasadas en $\pi, 3\pi, 5\pi$…..

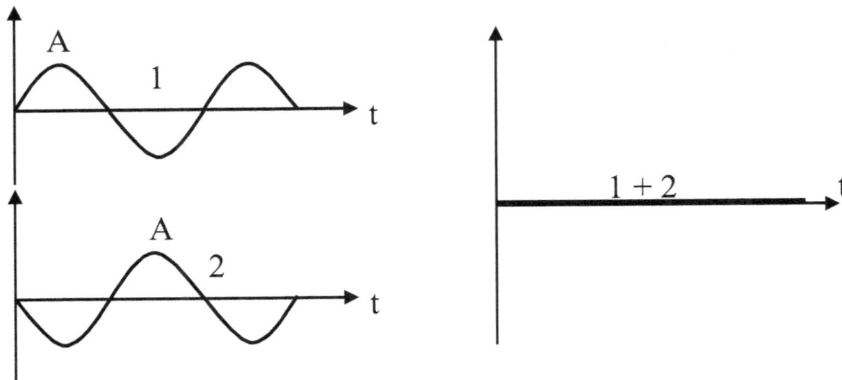

Una condición que deben cumplir las ondas para que se produzca la interferencia es que deben ser coherentes, es decir, que deben mantener la relación de fase a través del tiempo.

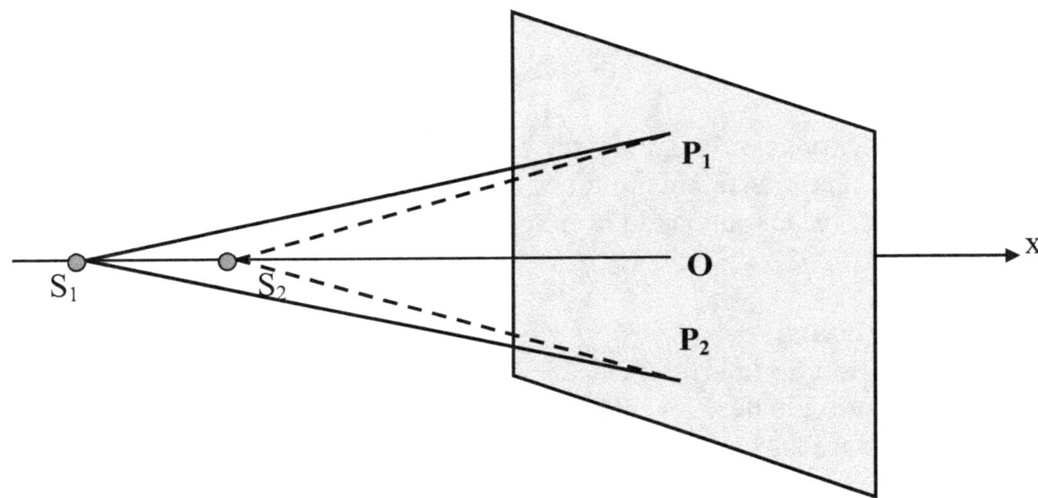

Sean dos fuentes de luz S_1 y S_2, los haces emitidos por ambas fuentes interferirán en un punto P_1 sobre la pantalla. Si la diferencia de recorrido de ambos haces, es un número entero de longitudes de onda, entonces se tiene en P_1 interferencia constructiva.

$$(S_1 - P_1) - (S_2 - P_1) = m\lambda \qquad \text{interferencia constructiva}$$

También interferirán en el punto P_2 sobre la pantalla. Si la diferencia de recorrido de ambos haces, es un número entero de longitudes de onda, entonces se tiene en P_2 interferencia constructiva.

$$(S_1 - P_2) - (S_2 - P_2) = m\lambda \qquad \text{interferencia constructiva}$$

Es decir que en todos los puntos ubicados sobre la circunferencia de radio O-P se tendrá interferencia constructiva. Luego el patrón de interferencia para este caso son circunferencias concéntricas (oscuras y brillantes).

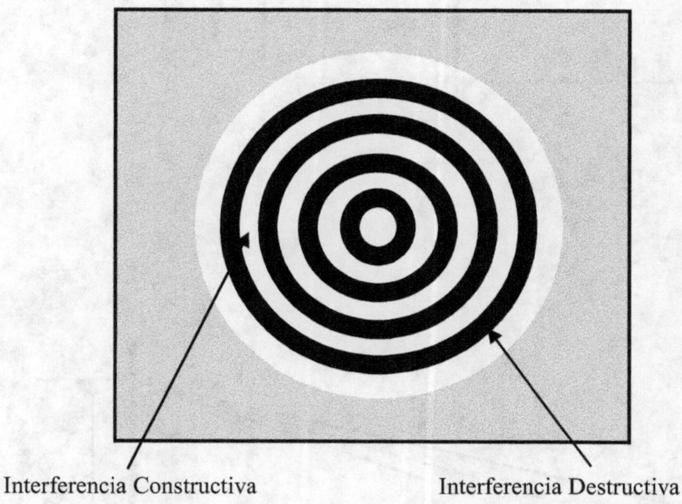

Interferencia Constructiva   Interferencia Destructiva

INTERFERENCIA EN RENDIJA DOBLE

En este caso se logra la interferencia iluminando con un haz de luz monocromático (condición de interferencia), una pantalla en la que se han practicado dos pequeñas rendijas a fin de subdividir el haz primario en dos nuevos haces secundarios, de esta manera los nuevos haces son coherentes entre sí (condición de interferencia), ya que las rendijas actúan como dos fuentes de luz independientes.
Al igual que en el caso anterior, al llegar los haces desfasados a la pantalla se producirá interferencia sobre la misma, dando como resultado un patrón de interferencia en franjas tal como se aprecia en la figura.

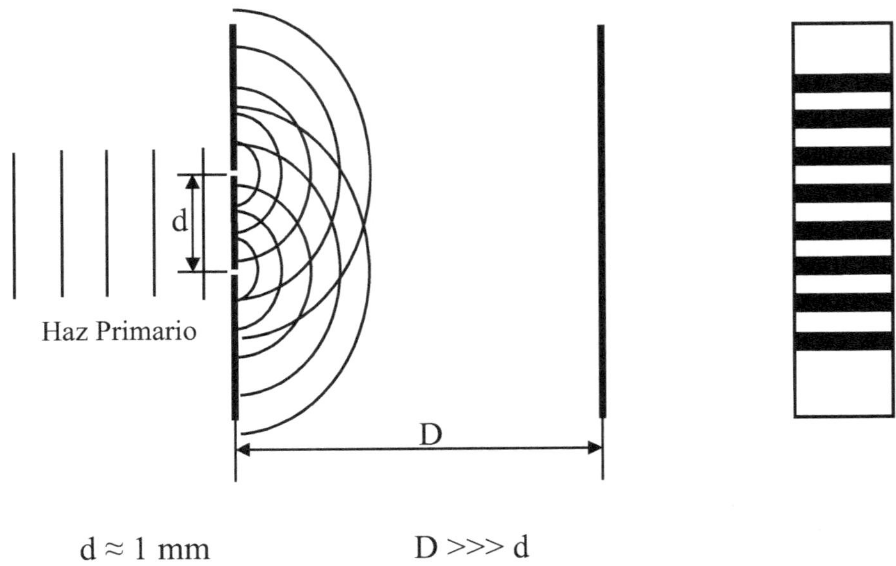

$$d \approx 1 \text{ mm} \qquad D >>> d$$

Análisis Físico

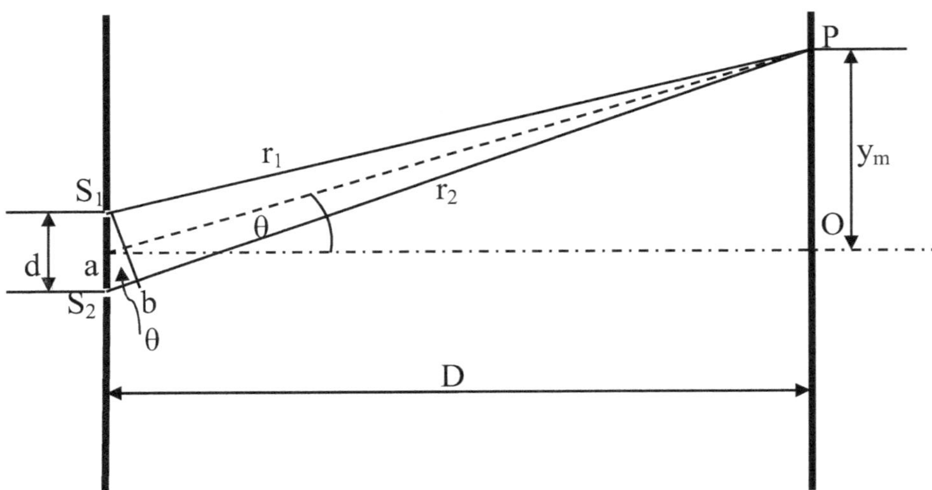

En el punto P se tiene interferencia ya que los rayos r_1 y r_2 llegan al mismo luego de recorrer trayectorias diferentes.

Trazando una perpendicular al rayo central (punteado), y que pase por S_1 este segmento corta al rayo r_2 en el punto b, es decir que el exceso de recorrido del rayo r_2 es el tramo S_2-b. Es decir:

$$(S_2 - b) = d \sin \theta$$

Si esta diferencia es un número entero de longitudes de onda, entonces en P se tiene interferencia constructiva.

$$d \sin \theta = m\lambda \quad \text{para} \quad m = 0,\ \pm 1,\ \pm 2,\ \pm 3 \ldots \quad \text{Interferencia constructiva}$$

$$d \sin \theta = \left(m + \frac{1}{2}\right)\lambda \quad \text{para} \quad m = 0,\ \pm 1,\ \pm 2,\ \pm 3 \ldots \quad \text{Interferencia destructiva}$$

Considerando que los triángulos $S_1 S_2 b$ y aPO son semejantes y dado que el ángulo θ es pequeño, es posible igualar $\sin \theta$ y $\tan \theta$ con lo cual si se considera a P como un punto de interferencia constructiva se tiene:

$$d \sin \theta = m\lambda \qquad \text{como} \qquad \sin \theta = \tan \theta \qquad y \qquad \tan \theta = \frac{y_m}{D} \qquad \text{luego}$$

$$\frac{d\,y_m}{D} = m\lambda \qquad \text{despejando:}$$

$$\lambda = \frac{d\,y_m}{D\,m} \quad m \qquad \text{para} \quad m = 0,\ \pm 1,\ \pm 2,\ \pm 3 \ldots$$

También es posible determinar la posición de P y la separación entre dos puntos de interferencia constructiva sucesivos.

$$y_m = \frac{m\,\lambda\,D}{d} \quad m \qquad\qquad \Delta y = \frac{\lambda\,D}{d} \quad m$$

Mientras θ sea pequeño, la separación de los máximos no depende de m, es decir, las franjas están espaciadas de manera uniforme.

INTERFERENCIA EN LAMINA DELGADA

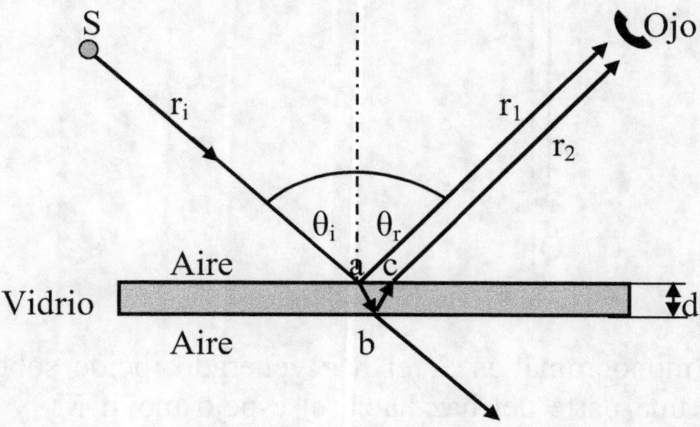

El rayo incidente proveniente de una fuente de luz monocromática S incide sobre una lámina de vidrio de espesor d reflejándose en parte (rayo r_1) y refractándose en parte.

Este último, luego de incidir en la parte posterior de la lámina se refleja en parte dando origen al rayo r_2. Ambos rayos r_1 y r_2 llegan al ojo desfasados produciendo interferencia ya que provienen de una misma fuente (son coherentes).

El rayo r_1 (reflejado en la cara anterior) se desfasa $\lambda/2$ al reflejarse en una superficie de material de mayor índice de refracción.

El rayo r_2 (reflejado en la cara posterior) recorre un camino más largo (a-b-c), lo que produce un desfasaje con respecto al rayo r_1. Por lo tanto habrá interferencia constructiva si:

$$2d = \left(\frac{1}{2} + m\right)\lambda \qquad \text{para} \qquad m = 0,\ \pm 1,\ \pm 2,\ \pm 3 \dots \qquad a - b - c \approx 2d$$

INTERFEROMETRO DE MICHELSON

El interferómetro de Michelson es un instrumento que permite medir la longitud de onda λ de un haz de luz monocromático con gran precisión.

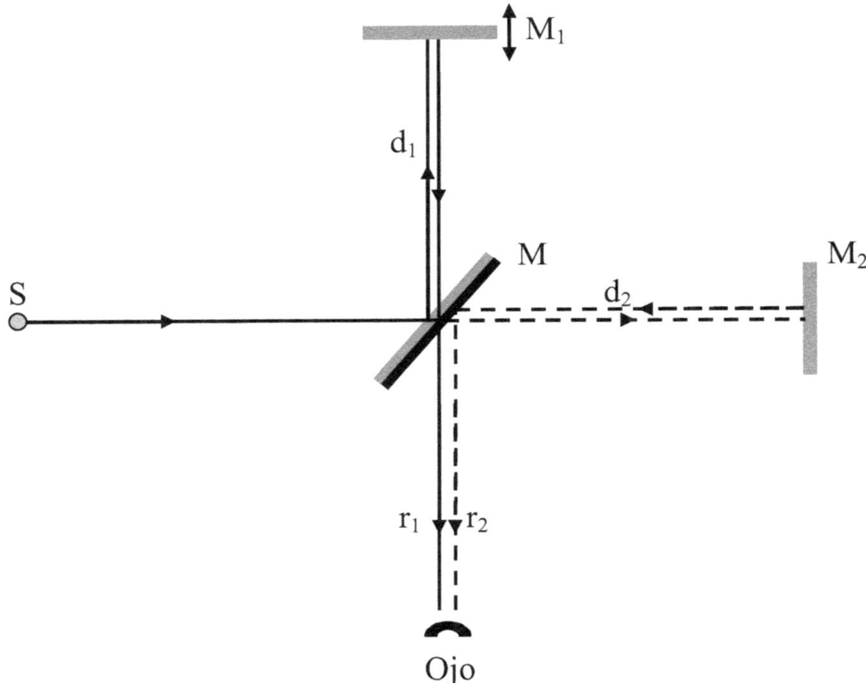

Dada una fuente de luz monocromática S, el haz generado incide sobre un espejo divisor M el cual refleja una parte del haz hacia el espejo móvil M_1 y refracta una parte hacia el espejo fijo M_2. El rayo reflejado en M_1 atraviesa el espejo M y llega al ojo (rayo r_1). El rayo reflejado en M_2 se refleja en el espejo M y llega al ojo (rayo r_2).

Como r_1 y r_2 recorren caminos diferentes, llegan al ojo desfasados. Al provenir de una misma fuente (son coherentes), generan interferencia. Se puede observar un patrón de interferencia circular. Si el centro del patrón de interferencia es un punto brillante, implica que los rayos r_1 y r_2 llegan en fase, eso se da para:

$$2(d_1 - d_2) = m\lambda \qquad \text{para} \qquad m = 0,\ 1,\ 2,\ 3\ ...$$

El factor 2 de debe a que los rayos recorren d_1 y d_2 dos veces cada uno.

Funcionamiento

Para una condición de interferencia como la anterior, punto brillante, se comienza a mover el espejo móvil M_1 lo cual hace que cada desfasaje de una longitud de onda λ entre r_1 y r_2 en el patrón de interferencia el punto central pase de brillante a brillante nuevamente (m se movió una unidad). Si se repite esta operación de manera que la cantidad de pasos m sea grande, midiendo el desplazamiento de M_1 Δx, entonces es posible medir la longitud de onda λ con gran precisión, a saber:

$$2\Delta x = m\lambda \qquad \text{es decir}$$

$$\lambda = \frac{2\Delta x}{m} \quad m$$

DIFRACCION

La difracción de las ondas es la dispersión que se produce cuando estas encuentran un objeto pequeño en su trayectoria.

Cuando un haz de luz pasa a través de un objeto con borde muy agudo, de dimensiones similares a su longitud de onda, la imagen producida sobre una pantalla no es la sombra geométrica sino que esta zona se ve invadida por una serie de franjas brillantes similares a las franjas de interferencia.

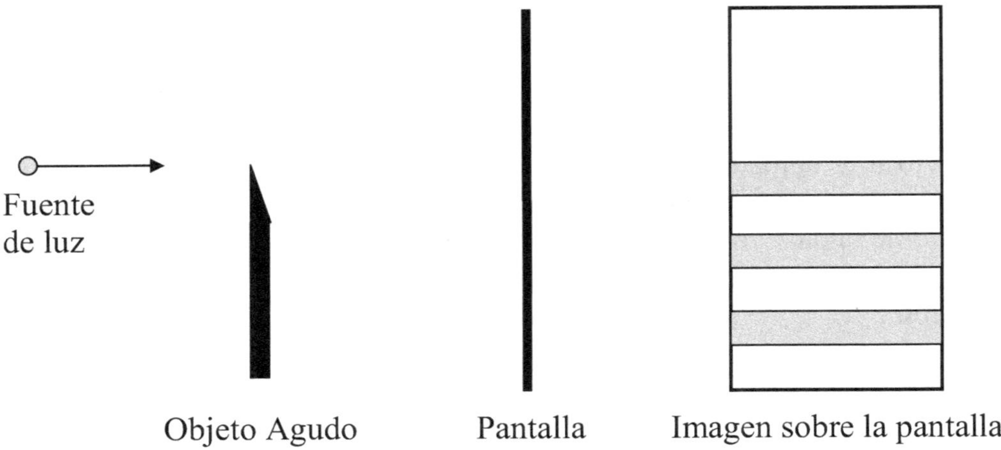

Cuando un haz de luz pasa a través de una rendija estrecha de dimensiones similares a su longitud de onda la imagen producida sobre una pantalla es la de una rendija brillante y una serie de franjas similares a las franjas de interferencia invadiendo la zona de sombra geométrica.

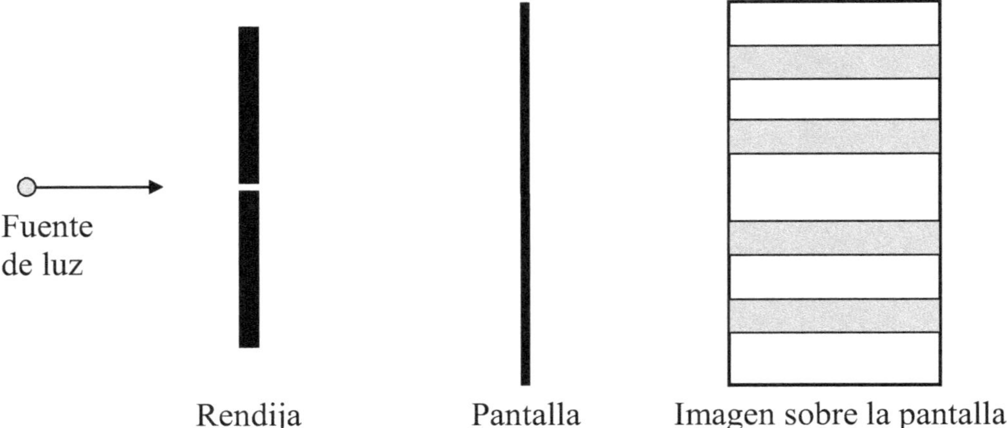

Si ahora se coloca una pequeña esfera en la trayectoria del haz de luz la imagen producida sobre una pantalla es la de un punto brillante en el centro de la sombra geométrica. Punto de Poissón.

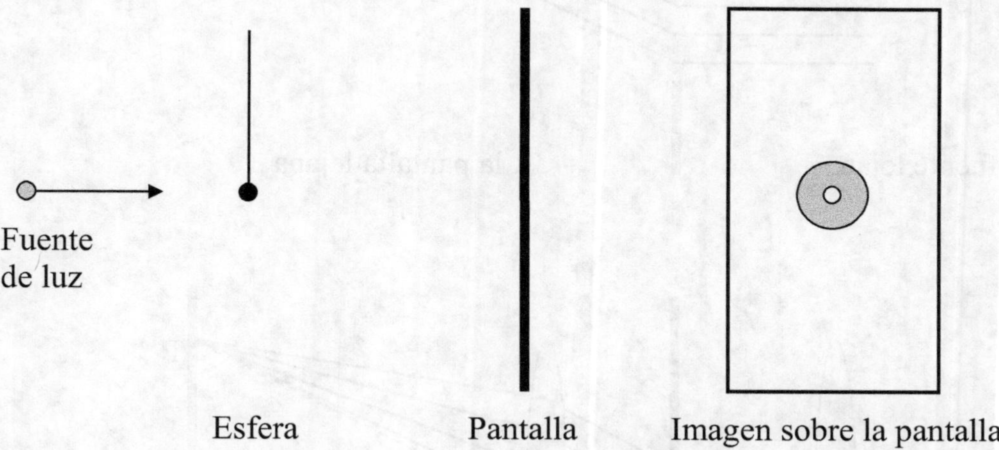

DIFRACCION DE RENDIJA SIMPLE

Teniendo una rendija estrecha de ancho a, se puede considerar a la misma subdividida en múltiples rendijas (fuentes de luz coherentes) cuyos rayos interferirán en puntos distantes sobre una pantalla, produciendo el patrón de difracción. El patrón que se forma en la pantalla depende de la distancia entre esta y la rendija. Así se pueden tener tres casos:

1- Separación muy pequeña: En este caso la divergencia es muy escasa y el patrón que se forma es la sombra geométrica.
2- Separación muy grande: En este caso todos los rayos que emergen de la rendija son paralelos (también aquí se consideran paralelos los rayos que arriban a la rendija). Este tipo de difracción se conoce como de Franunhofer. Para lograr el patrón de difracción se utilizan dos lentes, la primera para lograr que los rayos incidentes a la rendija sean paralelos y la segunda para enfocar en un punto de la pantalla los rayos emergentes de la rendija.
3- Separación intermedia: En este caso tanto los rayos que entran como los que emergen de la rendija no son paralelos. Este tipo de difracción se conoce como de Fresnel. Nos ocuparemos solo de la difracción de Fraunhofer ya que su tratamiento matemático es más sencillo.

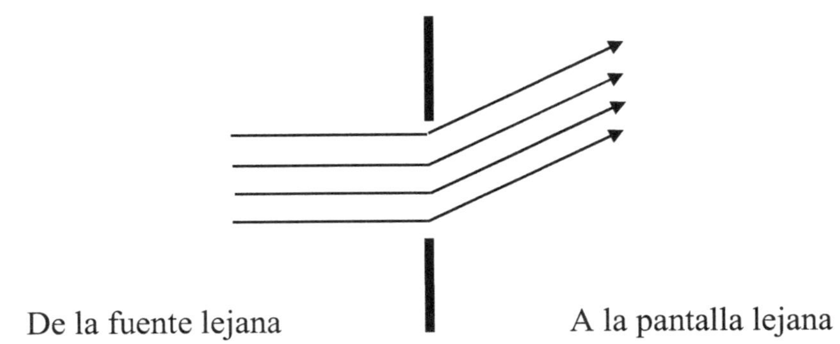

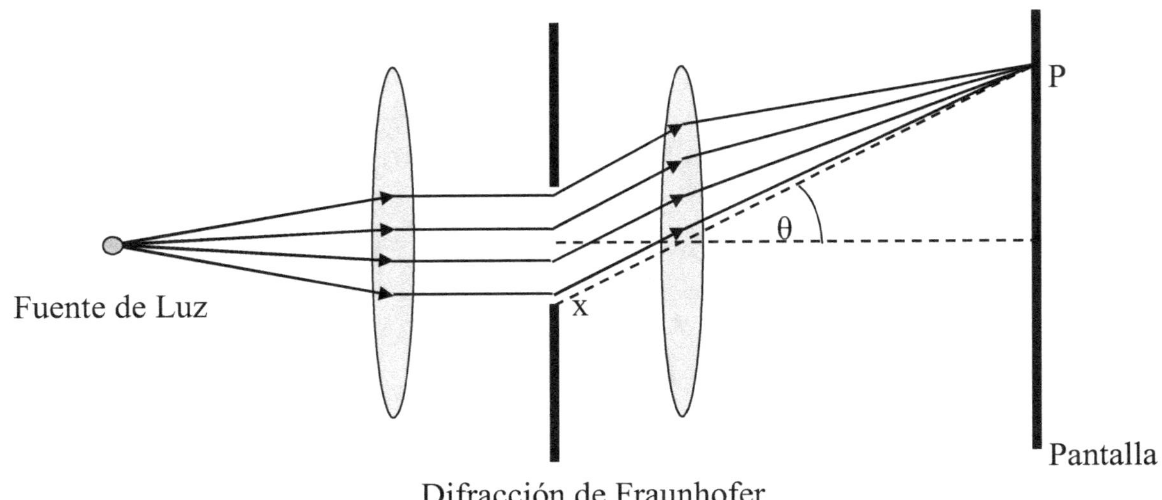

Difracción de Fraunhofer

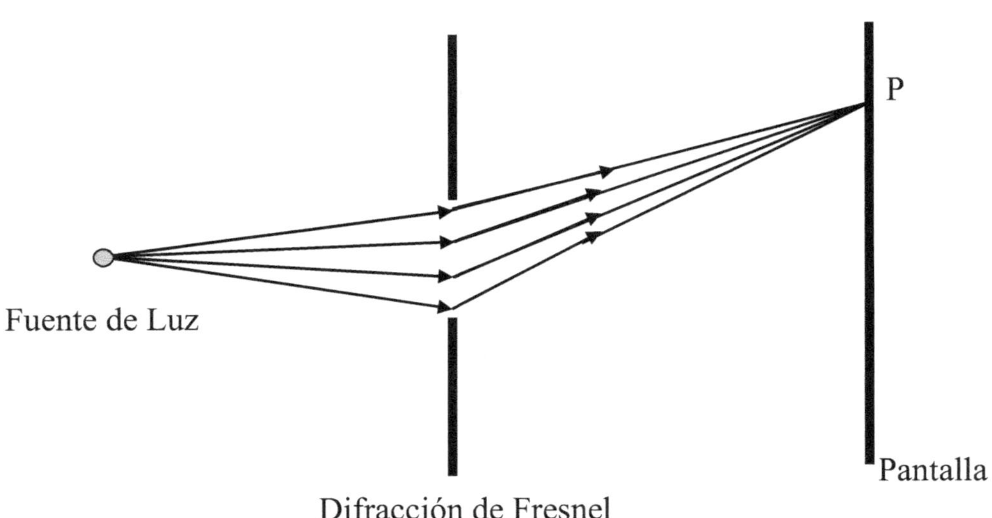

Difracción de Fresnel

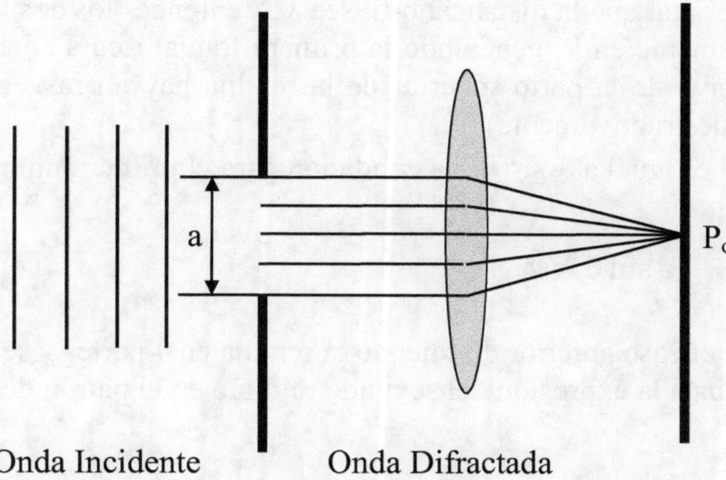

En la figura se ve una onda plana que llega con incidencia normal sobre una rendija de ancho a. Considerando el punto central P_o los rayos que salen de la rendija paralelos al eje central horizontal, son enfocados por una lente en P_o.

Estos rayos se hallan en fase en el plano de la rendija y permanecen en esta condición cuando llegan a P_o originando un máximo, punto brillante.

Si ahora se divide (hipotéticamente) la rendija en 2 y considerando otro punto de la pantalla P_1 los rayos que arriban a P_1 salen de la rendija con un ángulo θ.

Sin desviarse el rayo x-P_1 pasa por el centro de la lente.

El rayo r_1 se origina en la parte superior de la rendija y el rayo r_2 en el centro de la misma.

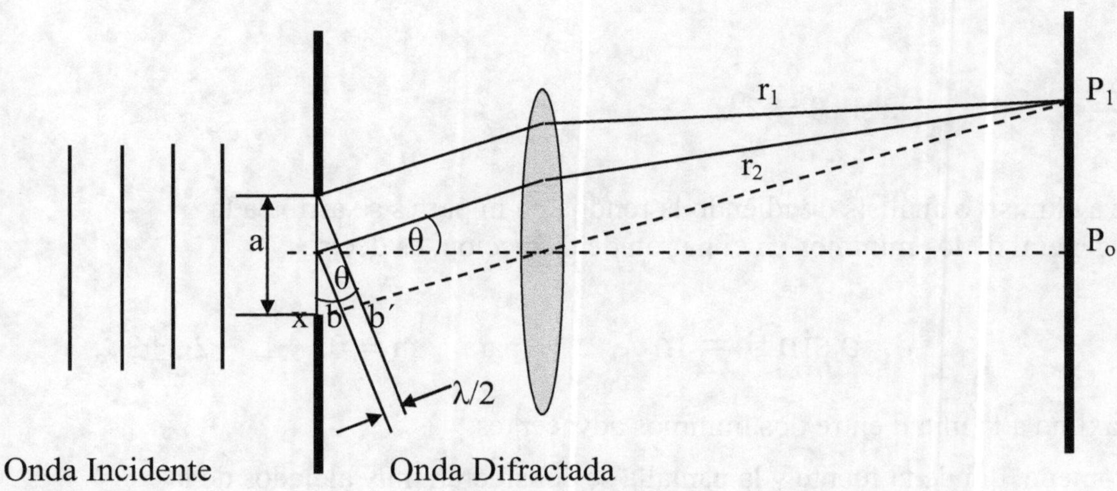

Si se escoge θ de manera tal que la distancia b-b´ sea $\lambda/2$ entonces los dos rayos r_1 y r_2 interferirán destructivamente en P_1 generando la primera franja oscura en el patrón de difracción (por cada rayo de la parte superior de la rendija hay un rayo en las parte inferior que interfiere destructivamente).

Como la distancia b-b´ es igual a $\frac{a}{2}\sin\theta$, la condición para el primer mínimo es:

$$\frac{a}{2}\sin\theta = \frac{\lambda}{2} \qquad ó \qquad a\sin\theta = \lambda$$

Si se procede como en el caso anterior dividiendo la rendija en 4 partes y se realiza el mismo análisis, se arriba a la expresión del segundo mínimo en el patrón de difracción, es decir.

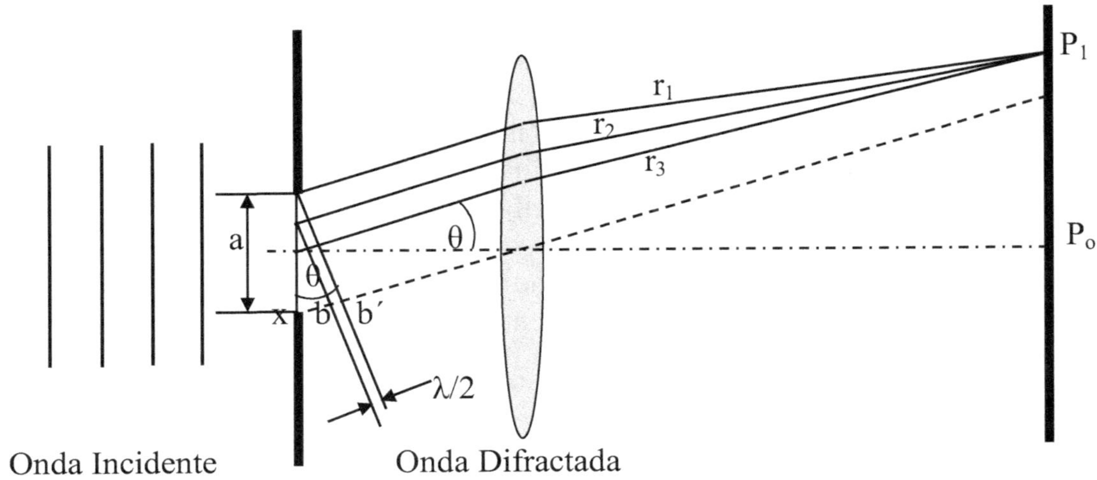

$$\frac{a}{4}\sin\theta = \frac{\lambda}{2} \qquad ó \qquad a\sin\theta = 2\lambda$$

Si se realiza el mismo análisis dividiendo la rendija en m partes se arriba a la expresión general de los mínimos en el patrón de difracción, es decir

$$a\sin\theta = m\lambda \qquad para \quad m = 0,\ \pm1,\ \pm2,\ \pm3\ ...$$

Hay un máximo a la mitad entre dos mínimos adyacentes.

A este fenómeno, donde la fuente y la pantalla se consideran muy alejados de la rendija se lo conoce como Difracción de Fraunhofer.

Cuando la distancia entre la fuente y la pantalla con respecto a la rendija no es tan grande se denomina difracción de Fresnel (no lo analizaremos).

POLARIZACION

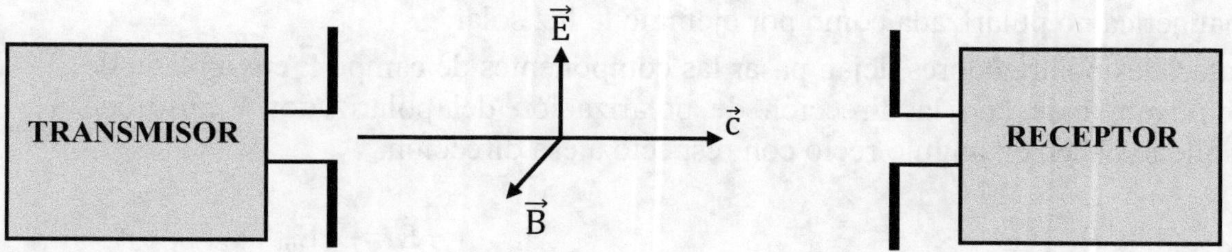

El transmisor genera a través de la antena la onda electromagnética, la cual viaja hasta la antena receptora.

La onda generada por este tipo de antena es polarizada, es decir el plano de variación del campo $\vec{E}$ es único.

Cuando la onda es polarizada, la antena receptora se debe orientar según el plano de polarización de la onda para poder receptarla, en nuestro país, las ondas de televisión tienen el plano de polarización horizontal.

Si en el esquema mostrado se gira la antena receptora 90°, la señal no podrá ser percibida.

Sabiendo la relación que existe entre los campos $\vec{E}$ y $\vec{B}$ de una onda electromagnética $E = c\,B$ es posible representar a esta con solo dar el campo $\vec{E}$ y la velocidad de la onda $\vec{c}$. Así se tiene que un plano de polarización está definido por $\vec{E}$ y $\vec{c}$.

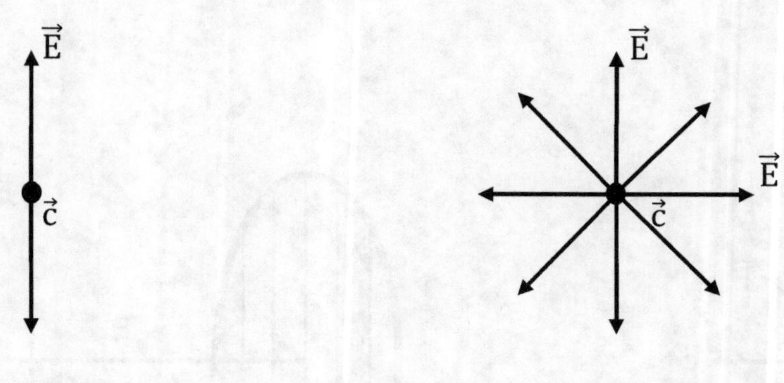

Onda Polarizada
($\vec{E}$ varía en un solo plano)

Onda No Polarizada
($\vec{E}$ varía en múltiples planos)

HOJAS DE POLARIZACION

Existen materiales llamados polarizadores cuya virtud es la de polarizar una onda electromagnética no polarizada como por ejemplo la luz solar.

Estos materiales polarizadores dejan pasar las componentes de campo $\vec{E}$ cuyo plano de polarización coincide con la dirección de polarización del polarizador y absorben aquellas que lo hacen en ángulo recto con respecto a esa dirección.

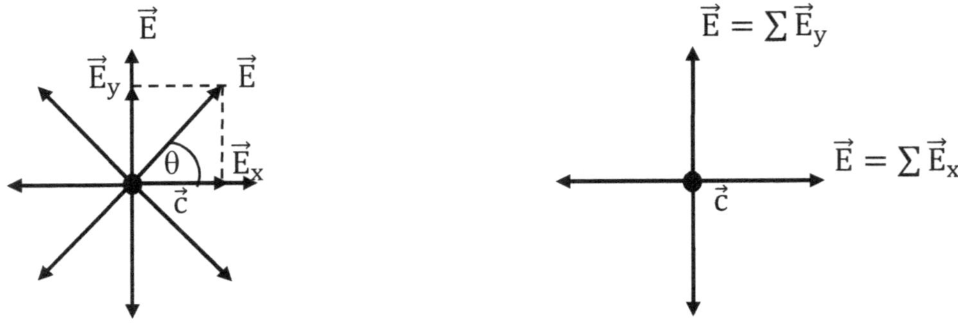

Onda No Polarizada   Onda No Polarizada

En el esquema de la derecha se puede observar otra forma de representar una onda no polarizada, ya que todos los campos $\vec{E}$ pueden representarse por sus componentes $\vec{E}_x$ y $\vec{E}_y$ sabiendo que:

$$E_x = E \cos \theta \qquad y \qquad E_y = E \sin \theta$$

Como se puede apreciar, la onda no polarizada de la izquierda cuando atraviesa la hoja de polarización, sale polarizada ya que las componentes de $\vec{E}$ que no están alineadas con el sentido de polarización del polarizador serán absorbidas por este.

Se deduce fácilmente que cada componente de la onda no polarizada representa el 50% de la intensidad de la misma, con lo que la intensidad de la onda polarizada (onda transmitida), no podrá superar el 50% de la onda incidente.

$$I_T = \frac{I_o}{2}$$ La intensidad de la onda trasmitida es la mitad de la incidente.

POLARIZACION POR REFLEXION

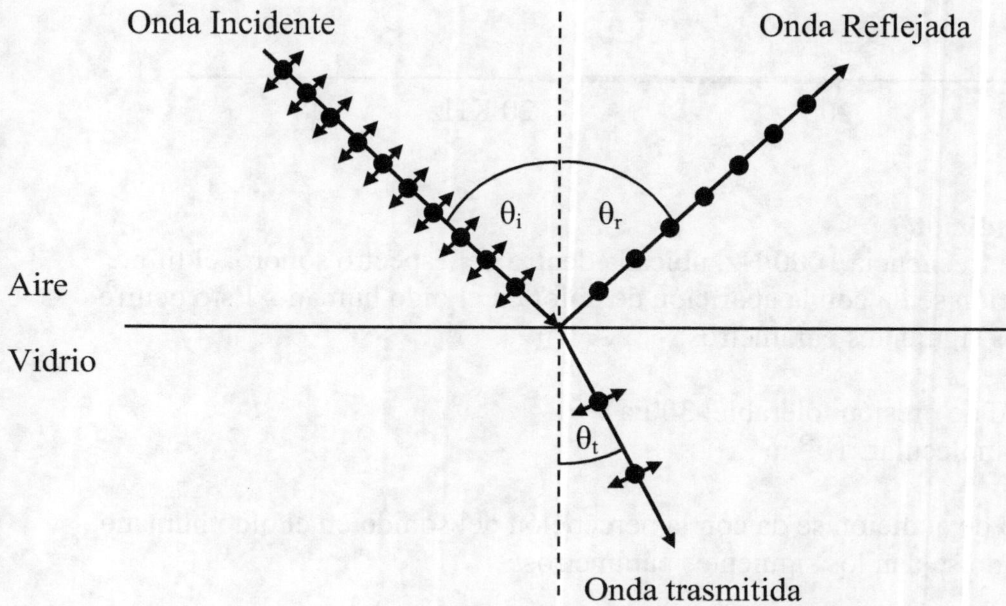

Cuando la luz incide sobre una superficie plana con un cierto ángulo de incidencia θ_i parte del haz se refleja con un ángulo de reflexión θ_r y parte se trasmite al segundo medio con un ángulo θ_t.

Existe un ángulo de incidencia tal llamado ángulo de polarización θ_p para el cual la onda reflejada se encuentra totalmente polarizada y la onda trasmitida se encuentra parcialmente polarizada.

ACUSTICA

ONDAS SONORAS

El sonido es una onda mecánica, por lo tanto requiere de un medio para propagarse, a diferencia de las ondas electromagnéticas (luz, rayos x, ondas de radio, etc.), este puede ser solido, líquido o gaseoso.

Espectro de Ondas Sonoras:

El espectro sonoro audible se encuentra comprendido entre los 20 Hz y los 20KHz. Las ondas correspondientes a frecuencias inferiores a 20 Hz corresponden al Infrasonido, mientras que las de frecuencias superiores a 20 KHz corresponden al Ultrasonido.

Umbrales de Audición

Para una onda de frecuencia 1000 Hz, ubicada dentro del espectro sonoro, el límite máximo de audición se da con la aparición de dolor en el oído humano. Esto ocurre cuando se dan los siguientes parámetros:

Máxima amplitud de presión tolerable: 30 Pa
Desplazamiento molecular: 10^{-5} m

El límite mínimo de audición se da con la percepción del sonido en el oído humano. Esto ocurre cuando se dan los siguientes parámetros:

Mínima amplitud de presión audible: 3×10^{-5} Pa
Desplazamiento molecular: 10^{-11} m

El sonido (información) se propaga hasta el oído humano a través de los cambios de presión que ocurren en el medio (aire), onda longitudinal.

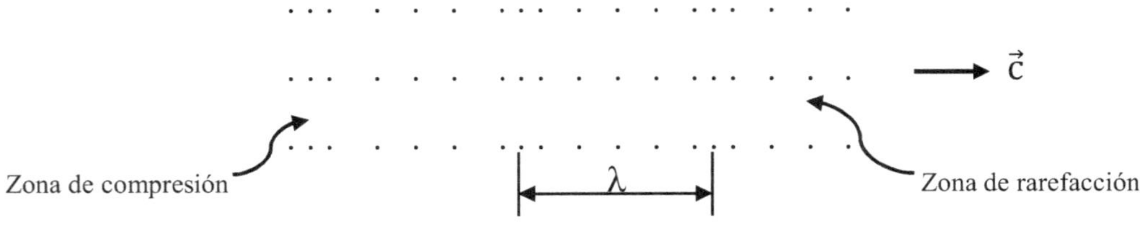

Velocidad del Sonido

La velocidad del sonido depende de las características elásticas e inerciales del medio en el cual se propaga. Se considera que todo el proceso de cambios de presión y volumen es adiabático. Luego:

$$c = \sqrt{\frac{B}{\rho}} \quad \frac{m}{s} \qquad \text{siendo}$$

$$B = -\frac{\Delta p}{\frac{\Delta V}{V}} \qquad \text{Modulo de compresión adiabático del medito (propiedades elásticas)}$$

Δp : Variación de presión $\qquad$ y $\qquad \Delta V$: Variación de volumen

ρ : Densidad del medio (propiedades inerciales)

La velocidad del sonido depende de la temperatura del medio según la siguiente expresión:

$$c = c_o \sqrt{\frac{T}{273}} \quad \frac{m}{s} \qquad \text{siendo}$$

c_o : Velocidad del sonido a 0 °C $\quad$ y $\quad$ T : Temperatura en °K del medio

Algunos Valores Referenciales

$C_{acero} = 5930 \ ^m/_s$ $\quad$ (Ondas longitudinales)

$C_{acero} = 3340 \ ^m/_s$ $\quad$ (Ondas transversales)

$C_{agua} = 1440 \ ^m/_s$ $\quad$ (Ondas longitudinales)

$C_{aire} = 340 \ ^m/_s$ $\quad$ (Ondas longitudinales)

Energía Transportada por una Onda

Al igual que en el caso de las ondas electromagnéticas, la intensidad de una onda sonora viene dada por la energía transportada por unidad de área y de tiempo:

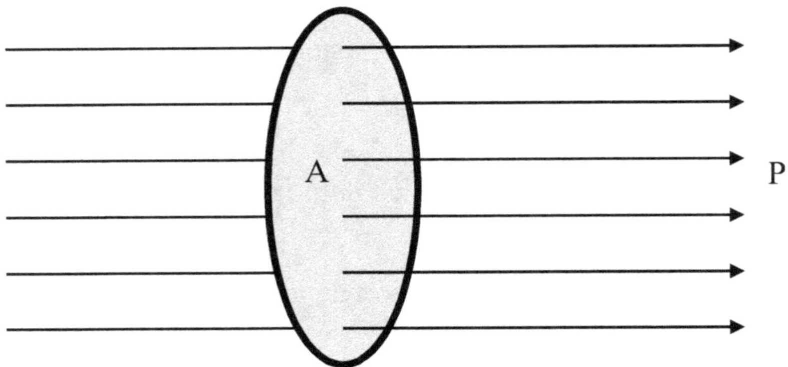

$$I = \frac{P}{A} \quad \frac{W}{m^2} \qquad \text{siendo}$$

P : Potencia transportada por la onda $\qquad$ y $\qquad$ A : Area del frente de onda

También se puede expresar la intensidad como:

$$I = \frac{p^2}{2\rho c} \quad \frac{W}{m^2} \qquad \text{siendo}$$

p : Variación de presión $\quad$ Pa
ρ : Densidad del medio $\quad \frac{Kg}{m^3}$
c : Velocidad del sonido en el medio $\quad \frac{m}{s}$

Para los valores extremos del umbral de audición se tiene:

Mínima amplitud de presión: $p = 3 \times 10^{-5}$ Pa
Velocidad del sonido a 20 °C: $c = 343 \quad \frac{m}{s}$
Densidad del aire: $\rho = 1.22 \quad \frac{Kg}{m^3}$

Intensidad mínima del sonido: $I = 1.07 \times 10^{-12} \quad \frac{W}{m^2}$

Máxima amplitud de presión: $p = 30$ Pa

Velocidad del sonido a 20 °C: $c = 343$ $\frac{m}{s}$

Densidad del aire: $\rho = 1.22$ $\frac{Kg}{m^3}$

Intensidad máxima del sonido: $I = 1.07$ $\frac{W}{m^2}$

Como se puede apreciar la diferencia entre los extremos es de 10^{12} veces.

Se deben relacionar las propiedades sensoriales con magnitudes físicas medibles:
Intensidad acústica – Volumen
Frecuencia – Tono
Timbre – Forma de onda (armónicas)

El decibel

Como se vio el oído humano es capaz de captar intensidades de sonido que varían 10^{12} veces. Como el oído analiza la sonoridad relativa de dos sonidos por la relación de sus intensidades es necesario para expresar la intensidad (magnitud objetiva) con los valores subjetivos que escucha el oído una escala logarítmica.
Cuando la intensidad I_1 es 10 veces la intensidad I_2 se dice que la relación es un Bel.

$$B = \log\frac{I_1}{I_2}$$

Como el Bel es una magnitud muy grande se utiliza el decibel, es decir:

$$1B = 10 \text{ dB} \qquad ó \qquad dB = 10\log\frac{I_1}{I_2}$$

De esta manera se pueden expresar:

Nivel de intensidad sonora: $\qquad L_I = 10\log\frac{I_1}{I_0}$ dB $\qquad I_0 = 1.07 \times 10^{-12}$ $\frac{W}{m^2}$

Nivel de potencia sonora: $\qquad L_w = 10\log\frac{P_1}{P_0}$ dB $\qquad P_0 = 1 \times 10^{-12}$ W

Nivel de presión sonora: $\qquad L_p = 20\log\frac{p_1}{p_0}$ dB $\qquad p_0 = 3 \times 10^{-5}$ Pa

Algunos valores típicos de niveles de intensidad de sonido L_I son:

Hojas movidas por una brisa	: 10 dB	Murmullo	: 20 dB
Radio con volumen bajo	: 40 dB	Transito normal a 30 m	: 70 dB
Interior de un Boeing 737	: 90 dB	Bocina de un automóvil a 1m	: 110 dB

EFECTO DOPPLER

Cuando la fuente de ondas y el receptor están en movimiento relativo respecto al medio material en el cual se propaga la onda, la frecuencia de las ondas observadas es diferente a la frecuencia de las ondas emitidas por la fuente. Este fenómeno físico recibe el nombre de Efecto Doppler.
Se considera que el emisor produce ondas en forma continua, para lo cual se representan los sucesivos frentes de onda, que son circunferencias centradas en el emisor, separados por un periodo. Analizaremos algunos casos.

Emisor en Reposo

En este caso la velocidad del emisor es cero $\vec{V}_E = 0$. Los sucesivos frentes de onda se encuentran centrados en el emisor. El radio de cada circunferencia es igual al producto de la velocidad de propagación de la onda y el tiempo transcurrido desde que fue emitido. La separación entre dos frentes de onda es igual a la longitud de onda $\lambda = cT$ siendo T el tiempo que tardan dos frentes de onda consecutivos en pasar por la posición del receptor.
La longitud de onda medida por el emisor y por el receptor es la misma.

$$\lambda_E = \lambda_R = cT$$

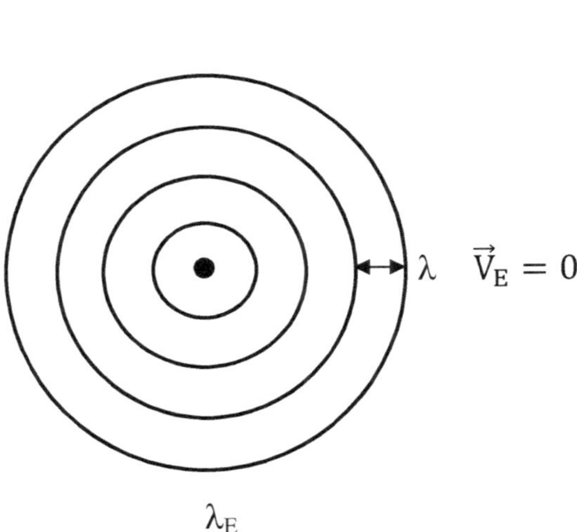

Para este caso se tiene que $\lambda_R = \lambda_E$ por lo tanto $f_R = f_E$

Emisor en Movimiento

En este caso la velocidad del emisor es inferior a la velocidad de la onda $\vec{V}_E < \vec{c}$.
El emisor se mueve hacia la derecha, en este caso las longitudes de onda medidas por un receptor ubicado a la derecha del emisor son menores que las del emisor y la medidas por un receptor ubicado a la izquierda del receptor son mayores.

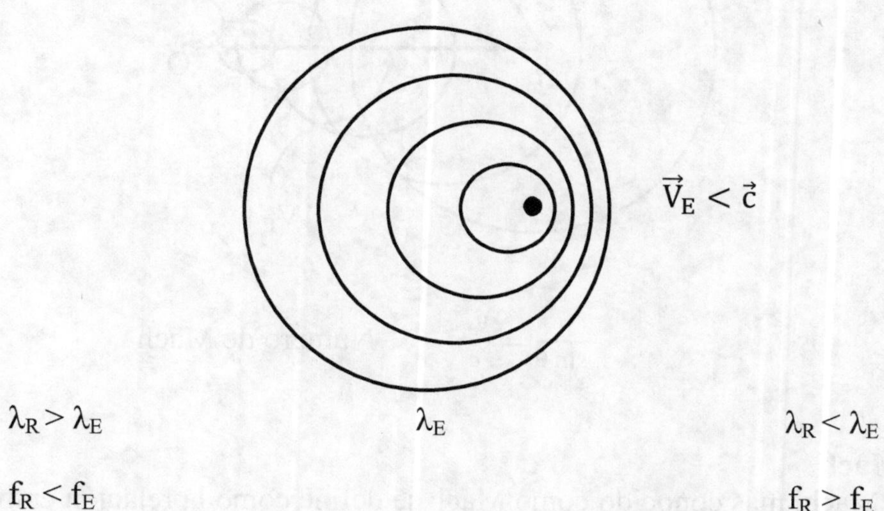

En este caso para el receptor ubicado a la izquierda $\lambda_R > \lambda_E$ por lo tanto $f_R < f_E$
Mientras que para el receptor ubicado a la derecha $\lambda_R < \lambda_E$ por lo tanto $f_R > f_E$

El receptor de la derecha escucha un sonido más agudo que el de la izquierda o lo que es lo mismo, cuando el emisor se acerca el sonido es más agudo que cuando se aleja.

Emisor en Movimiento

En este caso la velocidad del emisor es superior a la velocidad de la onda $\vec{V}_E > \vec{c}$.
El emisor se mueve hacia la derecha, en este caso se produce lo que se denomina una onda cónica, la envolvente de los sucesivos frentes de onda es un cono con vértice en el emisor, esta onda se denomina onda de Mach u onda de choque. La envolvente es la recta tangente común a todas las circunferencias (en el espacio es un cono).
En el instante inicial $t = 0$ el emisor se encuentra en B, emite una onda que se propaga con velocidad $\vec{c}$. En el instante t el emisor se encuentra en O, se ha desplazado $V_E\, t$. En ese instante el frente de onda centrado en B tiene un radio ct.
En el triangulo OAB el ángulo del vértice es θ. A la inversa del seno de este ángulo se denomina número de Mach.

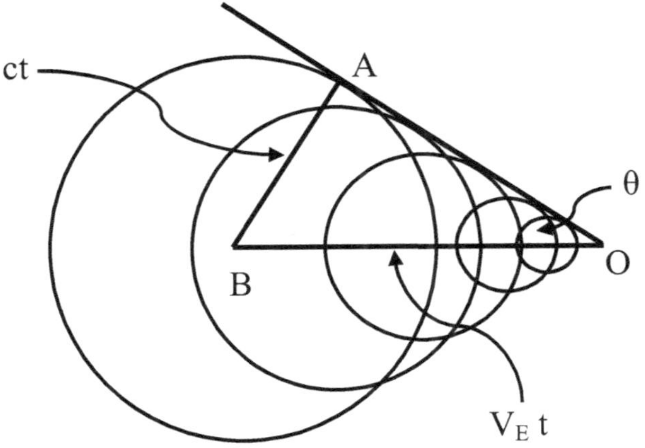

$$\frac{1}{\sin \theta} = \frac{V_E}{c} \qquad \text{Número de Mach}$$

Número de Mach

El número de Mach, más conocido como Mach se define como la relación entre la velocidad de un objeto y la velocidad del sonido en el medio en que se mueve dicho objeto. Su expresión es:

$$Ma = \frac{v}{c}$$

Se trata de una magnitud adimensional muy utilizada en aeronáutica. Cuando un avión viaja a la velocidad del sonido se dice que viaja a Mach 1. Así se pueden clasificar las velocidades de aviones o cohetes en:

Subsónico $Ma < 0.7$

Transónico $0.7 < Ma < 1.2$

Supersónico $1.2 < Ma < 5$

Hipersónico $Ma > 5$

La presente edición de FÍSICA II,
se terminó de imprimir en el mes de Agosto de 2020
en Universitas. Pje. España 1467. Córdoba.
Te: 54-351-4680913. Email: editorialuniversitas@yahoo.com.ar

Impreso en Argentina